The ELEMENT
EXAMINATION 2

桜井 弘 編著

元素検定

2

化学同人

ブックデザイン・扉イラスト
寄藤文平＋吉田考宏（文平銀座）

本文イラスト
鈴木素美（工房★素）

は じ め に

　ある大学の化学の講義で，元素の話をすることになり，私はおもしろい現象や身近な反応を紹介して，元素や原子の話につなげようと考えました．

　ガリウムでつくったスプーンとは秘密にして，温かい紅茶に砂糖をいれて，スプーンでかき混ぜる映像を観ていただきました．スプーンはたちまち溶けて液体の塊となってカップの底でコロコロしています．するとみんなは，「へー？こんなことあるの！」と互いに顔を見合わせて驚いていました．そこで私は，固体のガリウムが溶ける温度，すなわち融点を黒板に書いて，ガリウムが溶ける理由を説明すると，みんなは納得したようでした．

　しめしめと思い，次に水銀はなぜ常温で液体でしょうか？と質問をしました．すると，「水銀は見たことがない」と答えるのです．いまは，理科の実験で水銀温度計を使ったりしないそうで，「デジタル体温計しかないですよ」と，みんなは逆に私を納得させようとしました．いつのまにか，水銀の重要な話はどこかへ消えてしまいました．

　今度は，もう少し身近な元素の例として，目先を変えてみることにしました．味噌汁をつくるときにうっかりして吹きこぼすと，ガスコンロの青い炎はどのような色になるでしょうか？と質問をしてみました．するとみんなは，「ガスコンロなんか使っていないのでわかりません」，「IH クッキングヒーターしか使わないので，味噌汁が燃えることはありません」というのです．今度は我慢して，味噌汁には食塩が使われていて，食塩は塩化ナトリウムという物質なので，ナトリウムが炎のなかで燃えると黄色の光を出すのです．これは炎色反応ですよと説明しますと，みんなはいっせいに下を向いてしまいました．

　水銀やナトリウムは，若い人びとにとって遠い存在になってしまったのかとため息をついていましたが，比較的若手の生物系の研究者が，味噌汁が吹きこぼれてガスの炎が黄色になっているのは炎色反応と気づいて科学を身近に感じたと語っている記事を見たときは，感動してしまいました．

　一方，街に出ますと，テルビウムやジスプロシウムを使った電動アシスト自転車に乗る人が急激に増えている風景を目にします．また「119 番元素は合成

できるか？」,「南鳥島沖付近の深海には, レアアースが数百年分も眠っている」,
「日本のプルトニウムの保存量が問題となっている」など, 元素に関する報道
が多く見られ, 簡単に科学を理解するのが難しい社会や世界になっていること
も確かです.

　先に出版しました『元素検定』からすでに 6 年もの歳月が流れ, 私たちをと
りまく元素の世界はずいぶん変化しました. このような状況をふまえて, 元素
をより豊かに, より身近に, より深く, そしてより新しく学んでいただくこと
を目的として, 新たに『元素検定 2』を出版することとなりました.

　前書の 3 名の著者に加えて, 羽場宏光先生と笹森貴裕先生にも加わっていた
だきました. 前書と合わせて, "元素の世界への新たな旅" をお楽しみくだされ
ば, 著者一同うれしく思います.

2018 年 7 月

著者代表　桜井　弘

C O N T e N T s

プロローグ
元素の世界へようこそ　1

元素の国への招待状　11

元素周期表　12

本書の使い方　14

元素検定
LEVEL1
難易度★☆☆☆☆
（中学生レベル）

15

元素検定
LEVEL2
難易度★★☆☆☆
（高校生レベル）

49

まだまだ！
LEVEL3 へ
旅は続きます

元素検定
LEVEL3
難易度★★★☆☆
（理系高校生レベル）

83

元素検定
LEVEL4
難易度★★★★☆
（大学生レベル）

117

元素検定
LEVEL5
難易度★★★★★
（専門家・元素マニアレベル）

151

元　素
DATABOX
HからOgまで

185

あなたのレベルをチェック！　237
参考文献　243／エピローグ　245
キーワード索引　246

プロローグ
元素の世界へようこそ！

　ようこそ，元素の国へいらっしゃいました．あなたを再びおまちしておりました．不思議で楽しい「元素の国」へ，もうすこし深くご案内いたしましょう．

● **モルの世界とアトムの世界**
　1円硬貨はアルミニウムでつくられていて，その1個の重さはちょうど1.0グラムなのはご存知でしょう．原子番号13のアルミニウムの原子量は26.98なので，およそ27としましょう．1グラムの1円硬貨には，$1/27 \times 6.02 \times 10^{23} = 2.2 \times 10^{22}$個のアルミニウム原子が存在していることになります．この数は，2200億の1000億倍という天文学的な大きな数となります．また，私たちの体のなかには，鉄が平均して約5グラムあります．原子番号26の鉄の原子量は55.85で約56としますと，5グラムの鉄には，$5/56 \times 6.02 \times 10^{23} = 5.3 \times 10^{22}$個の鉄原子が存在することになります．つまり私たちの体には，5300億の1000億倍の鉄原子があるのです．

　これらのちょっとした計算では，説明もせずに，6.02×10^{23}という値を使いました．この数はアボガドロ定数といいます．"原子や分子のミクロの世界と私たちの日常の世界をつなぐ重要な値"です．正確には，物質量1モル（mol）

アメデオ・アボガドロ
(1776-1856)

サルデーニャ王国（イタリア）・トリノ出身の物理学者，化学者．1811 年に，同圧力，同温度，同体積のすべての種類の気体には同じ数の分子が含まれるアボガドロの法則を発見．
アボガドロは生涯，ほとんど国外では知られていなかった．1860 年に開催された原子量と分子量の基準がテーマとなったカールスルーエ国際化学者会議で，イタリアの化学者・政治家であったカニッツァーロの発表により，はじめてアボガドロが再評価された．この会議には，1869 年に元素周期表を提案することになるメンデレーエフも参加していた．

とそれをつくっている粒子の個数との対比をあらわす比例定数のことです．つまり，炭素 12 だけをふくむ試料 0.012 キログラム（これが 1 モルにあたります）をつくったとしますと，そこにふくまれる原子の個数をアボガドロ数といい，それに「1 モルあたり」をしめす mol^{-1} という単位をつけたしたのが，アボガドロ定数なのです．

　アボガドロ定数は，有名なアボガドロの法則を発見したイタリアの化学者アメデオ・アボガドロ（1776-1856）の偉大な業績をたたえて名づけられました．アボガドロ定数は，アボガドロ自身が測定したものではなく，古くからヨハン・ヨーゼフ・ロシュミット（1821-1895），ジャン・バプティスト・ペラン（1870-1942）やロバート・アンドリューズ・ミリカン（1868-1953）といった科学者が測定した値です．ミリカンは 1913 年に高精度の値を求めました．2019 年から，アボガドロ定数は系に含まれる構成要素の数を定義値とする $6.022\ 140\ 76 \times 10^{23}\ mol^{-1}$ に変更されています．

　これまで化学を学んできた人は，基本の単位としての「モル」と見えない原子や分子の世界と日常の世界をつなぐ値としての「アボガドロ定数」がとても重要な意味をもつことを実感されているでしょう．また，これから化学を学ぶ人は，これを実感することになるでしょう．つまり，重さを測ることができる世界では，モルとアボガドロ定数は，化学を理解するために，なくてはならない単位なのです．

　つぎに，日常生活では見ることのできない元素はどのようにして見える形で発見されてきたか，さらに現代では，元素の発見はどのようにしてあつかわれているかを見てみましょう．

元素の世界へようこそ● 3

● 元素を発見したらどうするの？

　元素発見の歴史では，発見した元素の実物，つまり単体や化合物を見つけた証拠として，人びと，とくにそれぞれの国の科学アカデミーのメンバーに示す必要があったようです．たとえば，原子番号 81 のタリウム Tl を発見したときの例を見てみましょう．イギリスの有名な化学者・物理学者ウィリアム・クルックス（1832-1919）は，ロベルト・ブンゼン（1811-1899）とグスタフ・キルヒホフ（1824-1887）が発明したプリズム型分光器を使って，硫酸工場の泥のなかから緑色の輝線スペクトルを観測しました．そして，このスペクトルが新元素によるものと考え，1861 年に「タリウム」と名づけました．「タリウム」という言葉は，「緑の小枝」を意味するギリシャ語からつけられました．しかし，名づけた新元素の実物はありません．当時は実物を提出しなければなりませんでした．ところが翌年になって，フランスの化学者クロード＝オーギュスト＝ラミー（1820-1878）がパリ科学アカデミーに，金属タリウム約 14 グラムを提出しました．その結果，元素発見の優先権はラミーに与えられたと歴史の本に書かれています．

　ピエール・キュリー（1859-1906），マリー・キュリー（1867-1934）夫妻が，1898 年の 7 月と 12 月に新元素ポロニウム Po とラジウム Ra を発見したときも，状況は同じようなものでした．物理学者たちは，新元素から放射線がどうして出るのかがわからない状態では賛成できず，新元素であるなら，その原子量を明らかにすべきだといいました．そのためには純粋な新元素の塊を得なければなりません．キュリー夫妻は厳しい環境のなかで，1 トンのピッチブレンド（瀝青ウラン鉱ともいいます）から，ラジウム塩化物 0.1 グラムをやっとの思いで単離・精製しました．濃縮に有効な反応剤などを見つけながら，2 人は過酷な作業を続け，純粋なラジウム塩を得るまでに 11 トンのピッチブレンドを処理したそうです．精製したラジウムが夜青白く光る光景をみたマリーは，これを「妖精のような光」と形容しています．

　一方，最近になって合成・発見され，国際的に認定された元素は，どうなっているのでしょうか．原子番号 109 番以降に発見された元素の原子の数を，つぎのページの表に示しました．

　重さが測れる世界ではなく，つまりアボガドロ定数の世界ではなく，つくられた元素は原子（アトム）の個数の単位で存在が認められているのです．なぜ認められるのでしょう？　答えは，合成・発見された元素は，すべて放射性元

合成・発見された原子数

原子番号	元素記号	元素名	発見された原子数
109	Mt	マイトネリウム	1
110	Ds	ダームスタチウム	3
111	Rg	レントゲニウム	6（日本で4）
112	Cn	コペルニシウム	2（日本で2）
113	Nh	ニホニウム	3
114	Fl	フレロビウム	1
115	Mc	モスコビウム	4
116	Lv	リバモリウム	2
117	Ts	テネシン	6
118	Og	オガネソン	3

素だからです．合成された放射性元素は，つくられるとただちに自ら崩壊していくため，その過程がくわしく追跡できます．日本の理化学研究所でつくられた原子番号 113 のニホニウム Nh の例を見てみましょう．

　ニホニウムは，超高速に加速した原子番号 30 の亜鉛 Zn を原子番号 83 のビスマス Bi に衝突させてつくられました．核融合反応によってひとつとなった原子は，ただちにつぎつぎとアルファ壊変をしていきます．しかし，その壊変の過程はくわしく調べることができ，つぎのイラストのようになることがわかりました．壊変していくあいだに，すでに性質（放射線の種類や半減期など）がよく知られている元素が観察できれば，一番先頭の壊変する前の元素が何だったかがわかるのです．実験で亜鉛とビスマスを衝突させた回数は，垓（1

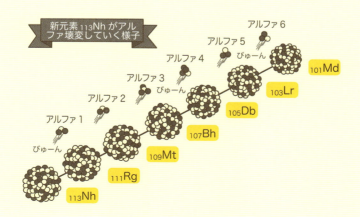

兆の1億倍）に達し，9年のあいだに3個のニホニウムがつくられました．

さきほど紹介したタリウムの場合とかなりちがっています．タリウムやラジウムは，グラムやミリグラム単位で取りだされましたので，提出された元素の化学的性質もわかりました．ところが最近発見された元素は，実物の元素はないので，これが新元素ですと実物を提出できないのです．また，原子が数個だけでは，化学的性質を調べようがありません．元素周期表でニホニウムは第13族，第7周期に置かれていますが，最近の化学的性質の研究により，周期表での位置はまちがいなさそうであることがわかりつつあります．これからいろいろな工夫をして，数個の原子から化学的性質を明らかにする試みがおこなわれようとしています．

このように，元素発見はアボガドロ定数を単位とするモルの世界から，原子の個数を単位とするアトムの世界へと変化しました．つまり，自然に存在する元素を発見する世界から，最新の技術を使って人工元素をつくる世界へと移っているのです．元素周期表では，原子番号92のウランUまでの世界からウラン以後の世界（超ウラン元素）への変化ととらえることができます．

ところで，原子が個の単位で存在することに驚いてはいられません．炭素Cや金Au，ケイ素Siの原子がならんでいる様子は，すでに走査型トンネル顕微鏡や原子間力顕微鏡などで見ることができます．また，星と星との空間（星間空間）に水素HやヘリウムHeの原子が1個ずつの形で存在することも観測されています．星間空間では，原子の存在する密度が小さく，ほかの原子に出会う確率がとても低いため，水素原子が分子ではなく単独で存在できると考えられています．

こうした元素の世界を理解するには，アボガドロ定数＝モルの世界から個の原子＝アトムの世界へと移っていることを知っておく必要があります．

● 原子の姿を求めて

現代では，先に述べたように，ある種の機器を使えば，原子の形を目で見ることができる時代となりました．しかし，原子はどのような構造をしているのでしょうか？　原子の内部はどのようになっているのでしょうか？　古来より人びとは，原子はどのような構造をしているのかを真剣に考え，実験したり，計算したり，議論したりして，ようやく現代では，その姿が示されるようになりました．ここでは，原子の姿を追い求めてきた歴史を簡単に見てみましょう．

6 ●プロローグ

　原子の探求は，古代ギリシャにはじまりました．ギリシャの哲学者たちは，自然は何からできているかをおおいに議論しました．そのなかで，紀元前（B.C.）4〜5世紀のレオキッポスとデモクリトス（B.C.460ごろ-370ごろ）の師弟は，自然の本来はアトムと空虚（ケノン＝真空）があるだけと考えました．アトムとは，分割不可能な原子をさしています．物質をかぎりなく細かく刻んでいくと，これ以上小さくならない究極の最小単位にたどりつきます．これをアトムとよんだのです．彼らは，直感と想像力によって原子論を築きました．しかし，アリストテレス（B.C.384-322）はこの考え方を否定したため，原子論への支持が得られなくなり，レオキッポスとデモクリトスの原子論は，ヨーロッパでは長いあいだ忘れ去られてしまいました．

　時が過ぎ17世紀後半となると，ヨーロッパでは実験による真理の探究が目指されるようになりました．そんななかで，ドイツの錬金術師ヘニッヒ・ブラント（1630ごろ-1692）は1669年にヒトの尿からリンPを発見しています．これは実験科学のさきがけといえるでしょう．18世紀になると，ヘンリー・キャベンディッシュ（1731-1810）による水素の発見（1766年），カール・ヴィルヘルム・シェーレ（1742-1786）とジョゼフ・プリーストリー（1733-1804）に

原子の姿を求めて

年	名　前	国	事　柄
紀元前4〜5世紀	レオキッポスとデモクリトス	ギリシャ	分割できないアトム（原子）を想定
1897	J・J・トムソン	イギリス	電子の発見
1901	ウィリアム・トムソン	イギリス	ブドウパンモデル（1904　J・J・トムソン）
1901	ジャン・バプティスト・ペラン	フランス	核−惑星模型
1903	長岡半太郎	日　本	土星型模型
1911	アーネスト・ラザフォード	イギリス	原子核のある原子模型
1913	ニールス・ボーア	デンマーク	量子仮説にもとづく原子模型
1918	アーネスト・ラザフォード	イギリス	陽子の発見
1926	エルヴィン・シュレーディンガー	オーストリア	波動力学の構築
1927	ヴェルナー・カール・ハイゼンベルグ	ドイツ	不確定性原理の発表
1932	ジェームズ・チャドウィック	イギリス	中性子の発見
1933	ヴェルナー・カール・ハイゼンベルク	ドイツ	陽子・中性子を含む原子核と電子の原子模型
1935	湯川秀樹	日　本	中間子論の発表
1947	セシル・フランク・パウエル	イギリス	パイ中間子（パイオン）の発見
1964	マレー・ゲルマンとジョージ・ツバイク	アメリカ	クォーク模型の提案
現代			量子力学計算にもとづく原子の姿

よる酸素の発見（1772 年，1774 年），ダニエル・ラザフォード（1749-1819）
による窒素の発見（1772 年），アントワーヌ・ラボアジェ（1743-1794）によ
る『化学原論』の出版（1789 年）など，実験にもとづいた新しい発見と理論
がつぎつぎに発表されました．

　ラボアジェは化学分析によって最終的に到達できる物質の構成要素を「元素」
とし，33 種からなる元素表をつくりました．この『化学原論』の出版は，ヨー
ロッパが錬金術と決別して，近代科学への道を歩みはじめる決定的な役割を果
たしました．

　19 世紀のはじめになると，イギリスのジョン・ドルトン（1766-1844）は，
物質はこれ以上分割できない原子から構成され，原子の種類によりそれぞれ重
さ（質量）が異なると考えました．ここに，レオキッポスとデモクリトスの原
子論が復活したのです．根源的な究極の粒子 “アトム” が科学的に定義された
のでした．そして，原子の相対的な質量（原子量）の値も発表されました．こ
のときドルトンは，原子の種類を記号であらわす元素記号をはじめて取り入れ
ています．たとえば，水素は⊙，窒素は①，酸素は○としましたが，化合物を
示すにはたいへんやっかいでした．そこで，スウェーデンのイェンス・ヤコブ・
ベルセーリウス（1779-1848）は，元素記号をアルファベットであらわす便利
な方法を 1813 年に提案しました．水素は H，窒素は N，酸素は O としました．
この提案は現代に引き継がれ，私たちも使っています．その後，多数の元素が
自然界から発見されました．それらを整理して理解できるよう，ロシアのドミ
トリ・メンデレーエフ（1834-1907）は 1869 年に当時知られていた 63 種類の
元素すべてを取り入れた「元素周期表」を提案しました．現在の「元素周期表」
には，118 個の元素が収められています．

　一方，原子に関する物理学の領域では，つぎつぎと新しい発見が発表されま
した．1858 年にドイツのハインリッヒ・ガイスラー（1814-1879）が真空放電
の実験から陰極線を発見しました．その正体を追求するなかで，フランスのア
ンリ・ベクレル（1852-1908）は 1892 年に放射能を，ドイツのヴィルヘルム・
レントゲン（1845-1923）は 1895 年に X 線を，そしてイギリスの J・J・トム
ソン（1856-1940）は 1897 年に放射管に電場と磁場をかける実験から電子（エ
レクトロン）を発見しました．翌年の 1898 年には，キュリー夫妻らは，放射
性元素のポロニウム Po とラジウム Ra を発見しています．

　このころは，まだ原子に原子核があることは知られていませんでしたが，電

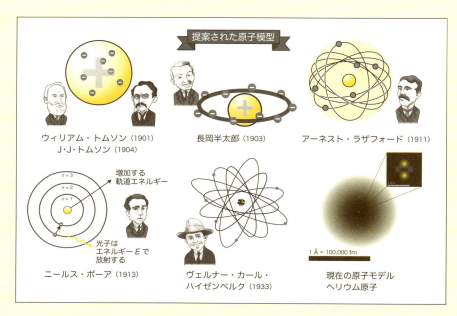

子の発見を受けて，イギリスのウィリアム・トムソン（1824-1907）は 1901 年にはじめて原子の姿を提案しました．J・J・トムソンはさらにこのモデルにもとづいて，電子は正電荷のなかで同心円状の軌道をとり，それぞれの軌道上には規則正しく電子が配置して回転運動しているというモデルを 1904 年に提唱しました．これらは，ブドウパンモデルといわれ，正に帯電したパンのなかにブドウのように電子が埋まっている形が描かれました．これに刺激を受けたフランスのペランは 1901 年に核−惑星模型を，日本の長岡半太郎（1865-1950）は 1903 年に土星型模型を提案しました．この流れのなかで，イギリスのアーネスト・ラザフォード（1871-1937）は 1899 年に放射線の研究にとりかかり，放射性元素からアルファ線，ベータ線，ガンマ線と名づけた 3 種類の放射線が放出することを明らかにしました．また，ベクレルは 1900 年にベータ線は電子の流れであることをつきとめました．さらにラザフォードは，アルファ線はヘリウムの原子核であることも明らかにして，原子の内部構造に関心をもつようになりました．

　一方，ドイツのハンス・ガイガー（1882-1945）とニュージーランドのアーネスト・マースデン（1889-1970）は，ラザフォードの指導を受け，金属箔によるアルファ線の散乱実験をしているとき，ごく一部のアルファ線は 90 度以

アメリカ原子力委員会 Atomic Energy Commission（AEC）のロゴマーク

国際原子力機関 International Atomic Energy Agency（IAEA）のロゴマーク

上の角度で散乱されるという結果を1909年に得ました．金属箔の原子量が大きくなればなるほど，アルファ線の散乱の割合が増えることがわかりました．原子は，アルファ粒子のような正電荷をもつ粒子の方向を曲げてしまうほど大きな力をもっていることがわかったのです．この衝撃的な結果を受けたラザフォードは，原子のなかには正電荷をもつ原子核があり，その周りを電子が回っている原子模型を1911年に提出しました．核の大きさはおよそ10^{-8}センチメートルと見つもりました．ラザフォードの原子模型は，アメリカ原子力委員会や国際原子力機関のロゴマークとして用いられています．

ラザフォードの同僚であったデンマークのニールス・ボーア（1885-1962）は少し違った考え方をしました．水素原子はとびとびの一定の波長をもったエネルギーを放出するスペクトルをしめすこととマックス・プランク（1858-1947）による量子仮説を考えに入れて，原子中の電子は一定の軌道にしか存在しないという新しい原子模型を1913年に提案しました．この考え方はいまはあたりまえのこととして理解されていますが，当時はただちには受け入れられませんでした．

そのころ，ラザフォードは原子核のなかに陽子（プロトン）を発見し，原子核はなぜ自然に分解しないのか？　電子はどうして飛び去ってしまわないのか？　と考えていました．さらに，同僚のジェームズ・チャドウィック（1891-1974）が，11年の年月をかけて1932年に中性子（ニュートロン）を発見しました．このような新しい粒子の発見にもとづいて，ドイツのヴェルナー・カール・ハイゼンベルク（1901-1976）は，原子核は陽子と中性子からできている

と考え，新しい模型を 1933 年に提案しました．さらに，エルヴィン・シュレーディンガー（1887-1961）の波動力学，ハイゼンベルクの不確定性原理，湯川秀樹（1907-1981）による中間子論の発表とイギリスのセシル・フランク・パウエル（1903-1969）によるパイ中間子の発見など新しい考え方や発見が続々と発表されました．それらを総合し，現在では，原子は量子力学計算により三次元構造で描かれるようになりました．

　原子の大きさは，平均して半径は 10^{-10} メートル，原子核の半径は 10^{-15} メートルであり，原子核は原子の直径の 10 万分の 1 ほどです．原子核を直径 1 センチメートルの円（1 円硬貨の半分の直径）で描いたとしますと，電子が飛びまわる空間の直径は 1 キロメートルとなります．原子を構成する原子核はきわめて小さいことが実感できますが，図にあらわすことは難しいですね．

　こうして原子の姿は，長い年月と多くの天才たちの努力と情熱により描かれるようになりました．

　ここでは，陽子，中性子，電子よりも小さな素粒子は扱いませんでしたが，素粒子の世界も相当に明らかにされています．2011 年は原子核発見の 100 周年にあたり，世界各国でさまざまな記念行事が開催されました．さらに，2019 年はドミトリ・メンデレーエフによる元素周期律と周期表発見（1869 年）の 150 周年にあたります．2017 年の国際純正・応用化学連合（IUPAC）総会において 2019 年を国際周期表年（International Year of the Periodic Table of Elements；IYPT）として祝うことが正式に決定されました．国際周期表年（IYPT）は，周期表の発見とその発展だけでなく，化学の発展が人間社会にもたらした素晴らしい功績をたたえるためにも重要であると宣言されました．

　それでは，前書にひきつづいて，不思議で楽しくておもしろくて奥深い「元素の国」へご案内いたします．どうぞお楽しみください．

招待状 元素の国へようこそ

［　　　　　　　］さま

ようこそ！元素の国へいらっしゃいました。

これから新しい元素との出会いが待っています。
それぞれの元素を知ることで、あなたの世界はきっと広がるはずです。

もし、迷ったときは、この招待状のつぎのページにある「元素の周期表」がきっとあなたの役に立つことでしょう。

さあ、扉をひらいて、チャレンジしてみましょう。

著者一同

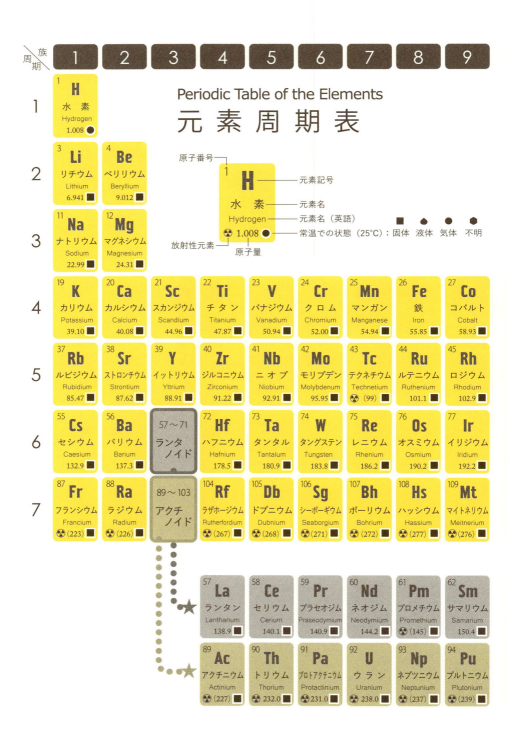

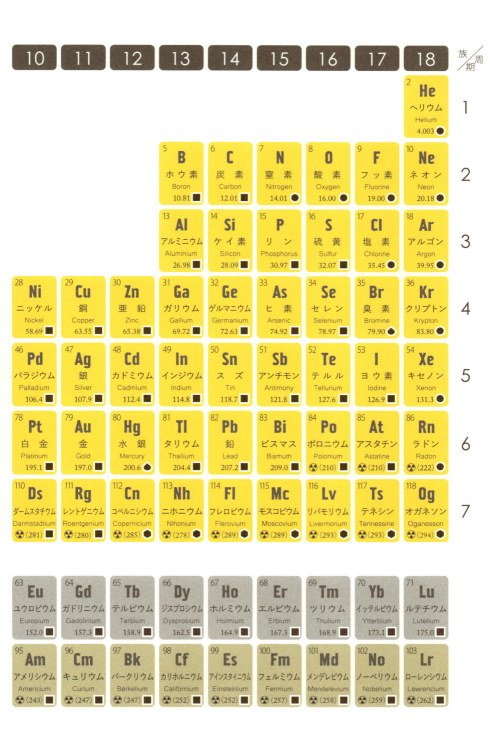

◆ 本書の使い方 ◆

　自然も暮らしも，すべて元素でできています．2016 年に正式名称が確定した，あのニホニウムもふくめ，個性的な 118 の元素たちがそろいました．マニアックなあなたのための元素本です．知っているようで意外と知らない「元素にまつわる問題」をイラストや写真を交えながら解説しています．元素や周期表について，楽しく学んでいきましょう．

　まず自分で答えを考えてから，解答と解説を読んでください．もし，問題が難しくて手も足もでないときは，そのまま解答と解説を読んでもかまいません．本書には，豊富なイラストや写真を配して，元素ごとにわかりやすく解説しています．自然に元素に関する知識が身につくはずです．読了後も元素についての入門書として，本書『元素検定 2』を活用していただければ幸いです．前書『元素検定』も引き続き発売しています．

　本書は，難易度にそって，レベルを 5 段階に分けて問題を配し，検定方式であなたの "元素力" を判定します．ひとつの問題・解答・解説が 1 ページで構成され，読みきりスタイルになっています．巻末の「元素データボックス」を読んでから問題を解いていくと，答えやすくなるかもしれません．

さあ，あなたも「元素博士」をめざして，
チャレンジしてみましょう！

答案用紙はダウンロード版もご利用いただけます．化学同人の本書のサイトにアクセスしてください．
https://www.kagakudojin.co.jp/book/b372091.html

LEVEL 1

16 ●元素検定

回答欄

Q 01 LEVEL 1
メンデレーエフが周期表づくりでヒントにしたカード遊び
は, どれでしょう?
① 七ならべ　　② ポーカー　　③ ブリッジ　　④ ソリティア

Q 02 LEVEL 1
単体でないものは, どれでしょう?
① オゾン　　② 単斜硫黄　　③ 黄銅　　④ ダイヤモンド

Q 03 LEVEL 1
ホットケーキを焼くとき, 生地のなかに泡が現れます. 泡の
正体は, どれでしょう?
① 水素　　② 酸素　　③ 二酸化炭素　　④ 窒素

Q 04 LEVEL 1
「酸」の原因となる元素は, どれでしょう?
① 水素　　② 酸素　　③ 窒素　　④ 塩素

Q 05 LEVEL 1
イオンが抗菌作用をもつのは, どれでしょう?
① カルシウム　　② 銀　　③ カリウム　　④ 鉄

Q 06 LEVEL 1
4つの元素名の由来となった村がある北欧の国は, どこでしょ
う?
① スウェーデン　　② フィンランド　　③ デンマーク　　④ ノルウェー

Q 07 LEVEL 1
空気中から検出されない元素は, どれでしょう?
① 窒素　　② アルゴン　　③ 炭素　　④ セレン

Q 08 LEVEL 1
炭素の同素体ではないものは, どれでしょう?
① フラーレン　　② グラファイト　　③ ベンゼン
④ ダイヤモンド

Q 09 LEVEL 1
次のうち, もっとも軽いものはどれでしょう?
① 陽子　　② 原子核　　③ 電子　　④ 中性子

Q 10 LEVEL 1
金属の鉄は空気中でほうっておくとさびていきます. 何と
くっつくからでしょう?
① 窒素　　② 炭素　　③ 酸素　　④ 二酸化炭素

元素検定 LEVEL 1 ● 17

回答欄

Q11 次のうち，燃えても二酸化炭素が出ないガスはどれでしょう？
① メタン　　② 水素　　③ プロパン　　④ 一酸化炭素

Q12 アミノ酸に必ずふくまれている元素は，どれでしょう？
① 塩素　　② リン　　③ 窒素　　④ ケイ素

Q13 強力な永久磁石の材料となる元素は，どれでしょう？
① ナトリウム　　② アルゴン　　③ ネオジム　　④ 金

Q14 海水中にもっとも多く含まれる塩は，どれでしょう？
① 塩化ナトリウム　　② 塩化マグネシウム　　③ 塩化カリウム
④ 塩化カルシウム

Q15 アクチニウムからローレンシウムまでの 15 元素はまとめて，何とよばれるでしょう？
① アルカリ金属　　② 貴ガス　　③ ハロゲン　　④ アクチノイド

Q16 日本でつくられた 113 番元素の名前は，どれでしょう？
① ジャポニウム　　② ニッポニウム　　③ ニホニウム
④ ヤマトニウム

Q17 元素周期表で，銅，銀，金の下にならんでいる元素は，どれでしょう？
① 白金　　② レントゲニウム　　③ ラドン　　④ ニホニウム

Q18 コペルニシウムの元素記号は，どれでしょう？
① C　　② Co　　③ Cs　　④ Cn

Q19 白，黒，赤，紫色など数種類の同素体をもつ元素は，どれでしょう？
① 硫黄　　② リン　　③ ヒ素　　④ セレン

Q20 貴ガス元素のなかで地球上にもっとも多く存在し，溶接で使われる元素は，どれでしょう？
① ヘリウム　　② クリプトン　　③ アルゴン　　④ ネオン

18　●元素検定

回答欄

LEVEL 1 Q21
強力磁石が必要なウォークマンの初代機に使われた元素は，どれでしょう？
① ゲルマニウム　② チタン　③ ストロンチウム　④ サマリウム

LEVEL 1 Q22
ルビーやサファイア，エメラルドなどの宝石のおもな成分である元素は，どれでしょう？
① マグネシウム　② カルシウム　③ バリウム　④ アルミニウム

LEVEL 1 Q23
「特有なにおい」をもつ元素は，どれでしょう？
① セレン　　② アンチモン　　③ 窒素　　④ ヘリウム

LEVEL 1 Q24
金属元素でないにもかかわらず「…ウム」という名前をもつ元素は，どれでしょう？
① カルシウム　② タリウム　③ ヘリウム　④ ナトリウム

LEVEL 1 Q25
つぎの物体の上に氷のかたまり（約 1 cm^3）を置いたとき，氷がもっとも早く溶けるのは，どれでしょう？
① アルミニウム　　② ステンレス　　③ ガラス　　④ 木材

LEVEL 1 Q26
人の体のなかにある鉄の量は，どのくらいでしょう？
① 太くて長い釘 1 本　② 細くて短い釘 1 本　③ 針 1 本
④ ピンポン玉 1 個

LEVEL 1 Q27
ラジウムから放出される気体は，どれでしょう？
① 酸素　　② ヘリウム　　③ ラドン　　④ アルゴン

LEVEL 1 Q28
孔雀石（マラカイト）の美しい青緑色はおもにどの元素によるものでしょう？
① コバルト　　② 鉄　　③ 銅　　④ アルミニウム

LEVEL 1 Q29
緑柱石（ベリル）から発見されたため，この石のギリシャ語名に由来して名づけられた元素は，どれでしょう？
① ビスマス　② ガリウム　③ ストロンチウム　④ ベリリウム

LEVEL 1 Q30
昔は毒として，いまは赤色をだす発光ダイオードの成分として使われている元素は，どれでしょう？
① リン　　② ヒ素　　③ 水銀　　④ 鉛

元素検定 LEVEL 1 ● 19

メンデレーエフが周期表づくりでヒントにしたカード遊びは，どれでしょう？
① 七ならべ　② ポーカー　③ ブリッジ　④ ソリティア

1867年に33歳でペテルブルク大学の一般化学の教授となったドミトリ・メンデレーエフ（1834-1907）は，教科書『化学の原理』を書きはじめました．原稿の締切りが迫ったある日，一度に多くの元素を紹介するには表にすればよいとひらめき，元素名と原子量を書いたカードをつくり，趣味であったソリティア風に並べかえました．ソリティアはマークごとにカードを分け，数字カードを順に並べるトランプのひとり遊びです．すると，よく似た性質が周期的に出現しただけでなく，空欄の未知元素の性質が予測できたのです．

　彼が1869年に著した『化学の原理』へ最初に載せた周期表は，現在のものと比べて縦横が逆です．周期表は原子構造の電子論的解釈と量子力学の発展をもたらしました．メンデレーエフの提言とは逆に，周期表から元素を取りだしてカードにした「えれめんトランプ2.0」が発売されています．

　メンデレーエフの名前は周期表に刻み込まれています．彼の功績をたたえて，原子番号101の元素はメンデレビウム Md と命名されました．また，ユネスコは，生誕175年目の2011年を国際メンデレーエフ年としました．また，周期表提案150周年を記念して，2019年は国際周期表年になる予定です．

（A ④ ソリティア）

20 ●元素検定

単体でないものは，どれでしょう？
① オゾン　　② 単斜硫黄　　③ 黄銅　　④ ダイヤモンド

「単体」 とは1種類の元素からできた純物質をさします．純粋な金属や貴ガス，等核二原子分子が単体です．性質のちがう複数個の単体どうしを「同素体」とよびますが，互いに別の物質です．また，2種類以上の元素を成分とする物質（たとえば水 H_2O）は純物質であっても，単体ではなく「化合物」といいます．

オゾン O_3 と酸素 O_2 はともに単体ですが，異なる物質なので同素体です．硫黄 S の例では，単斜硫黄と斜方硫黄はどちらも単体ですが，結晶型がちがう同素体です．ダイヤモンドとグラファイトも炭素 C の単体で互いに同素体ですが，これらも炭素原子のつながり方がちがう別物質です．

選択肢にある黄銅は，銅 Cu に 20％以上の亜鉛 Zn を混ぜた混合物で，単体ではありません．黄銅は五円硬貨に使われています．

化合物と混合物

化合物（水）　化合物（食塩）

混合物（黄銅）

▲単体，化合物および混合物

同素体

O 酸素
オゾン

S 斜方硫黄
単斜硫黄
ゴム状硫黄

C ダイヤモンド
黒鉛（グラファイト）
フラーレン　カルビン

単体

(答え ③ 黄銅)

元素検定 LEVEL 1 ● 21

LEVEL1 Q03
ホットケーキを焼くとき,生地のなかに泡が現れます.
泡の正体は,どれでしょう?
① 水素　　② 酸素　　③ 二酸化炭素　　④ 窒素

ホットケーキづくりでは,ふくらし粉(ベーキングパウダー)が欠かせません.その主成分は炭酸水素ナトリウム $NaHCO_3$ で,重曹ともよばれる白色の粉末です.重曹は熱を加えると,二酸化炭素(炭酸ガス) CO_2 と水を発生して,炭酸ナトリウム Na_2CO_3 になります.この二酸化炭素でホットケーキはふっくらとふくらんでいるのです.

ふくらし粉には炭酸ナトリウムの苦みを抑える酒石酸やミョウバンなども添加されています.重曹は弱い塩基性をもち,胃酸を中和するので,胃酸過多症の治療薬にもなります.このときも二酸化炭素がでています.

重曹は山菜のあく抜きや中華めんづくりのかん水,グレープフルーツなどの酸味抑制剤などにも使われます.また,クエン酸と混ぜると炭酸水ができるので,即席の炭酸飲料水用の粉末には重曹が入っています.パンづくりで生地をふくらませる酵母も二酸化炭素を出します.この過程は発酵とよばれ,お酒づくりでも使われます.酵母はブドウ糖を利用し,二酸化炭素と同時にエチルアルコールをつくります.ビールの泡の正体も二酸化炭素です.

▲二酸化炭素が活躍するホットケーキとベーキングパウダーの成分

A ③ 二酸化炭素

Q04 「酸」の原因となる元素は，どれでしょう？
① 水素　② 酸素　③ 窒素　④ 塩素

酸素 O は，どうして「酸の素」という名前なのでしょう．フランスのアントワーヌ・ラボアジェ（1743-1794）は，「酸 oxys + つくる gen」というギリシャ語から，1777 年に酸素と命名しました．二酸化炭素 CO_2 や二酸化硫黄 SO_2 などが水に溶けて酸性を示すため，当時は酸性の原因が酸素にあると考えられたためです．ところが，イギリスのハンフリー・デービー（1778-1829）とドイツのユストゥス・フォン・リービッヒ（1803-1873）は，酸素をふくまない塩化水素 HCl や硫化水素 H_2S，フッ化水素 HF も，水に溶けると酸性水溶液になることを見つけました．そこで 1887 年にドイツの化学者スヴァンテ・アレニウス（1859-1927）は，水に溶けて水素イオン H^+ をだす物質を酸と定義し，水素 H こそ酸性の原因であるとしました．

一方，酸素は水 H_2O の成分で「水の素」でもあります．しかし，ラボアジェは「水の素」の名前を水素に与え，酸素につけた「酸の素」の名前はそのまま残りました．ところで，乾燥空気には体積で 21％の酸素ガス O_2 がふくまれています．酸素は生物が体内でエネルギーを得るために欠かせない物質です．一方，空気中の水素ガス H_2 は体積で 0.000055％しかありません．水素は鉄鋼製造時に使われるコークスや石油精製の副産物から工業的に大量生産されています．

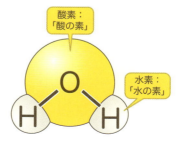

▲酸素の名前は，「酸の素」という誤解から

元素検定 LEVEL 1 ● 23

LEVEL 1 Q 05　イオンが抗菌作用をもつのは，どれでしょう？
① カルシウム　　② 銀　　③ カリウム　　④ 鉄

金属イオンが抗菌作用（細菌などの成長を抑える作用）をもっていることは，古くから知られています．金属イオンの抗菌作用は，一般的には次の順で小さくなる傾向があります．銅＞銀＞金＞鉛＞白金＞ニッケル＞アルミニウム＞スズ＞亜鉛．

しかし，具体的にみると，少し異なることがあります．たとえば，大腸菌では，水銀＞銀＞金＞パラジウム＞白金＞カドミウム…となっています．選択肢の4つの元素のなかでは，銀がもっとも強い抗菌活性を示します．

古代エジプトでは，すでに水や食べ物は銀の器に保存して腐敗を防止していたようですが，記録としての銀の抗菌作用は，1869年にジュール・L・ローリン（1836-1896）によって，銀食器ではカビの一種のアスペルギルス ニゲルが繁殖しないことが発見された研究からはじまっています．戦時中には，硝酸銀（$AgNO_3$）が傷あとに繁殖する緑膿菌による感染を防ぐために使われていました．

銀イオンを高濃度で用いると毒性が現れますが，低濃度では毒性が低いことが知られています．このため，洗濯機やパソコンには銀イオンをふくむ物質で抗菌処理が施されたり，ストッキングに銀イオンをふくむ抗菌剤を織り込んだりしています．

銀イオンの抗菌作用

A ② 銀

Q06

4つの元素名の由来となった村がある北欧の国は，どこでしょう？

① スウェーデン　② フィンランド　③ デンマーク　④ ノルウェー

4つの元素名の由来となった村とは，スウェーデンのイッテルビー村のことです．ドミトリ・メンデレーエフが周期表を発表したころ，スウェーデンのアマチュア地質学者たちは，ストックホルム近郊のリザロ島にある寒村イッテルビー Ytterby の小さな採石場で採った鉱石をつぎつぎと化学者ヨハン・ガドリン（1760-1852）に送りました．その鉱石をのちの研究者たちが分析すると，新しい元素がザクザクと出てきたのです．村の名前から，イッテルビウム Yb，イットリウム Y，テルビウム Tb，エルビウム Er の4元素が命名されました．また，イッテルビー採石場から採れた鉱石からホルミウム Ho（ストックホルムのラテン語名 Holumia），ツリウム Tm（スカンジナビアの古名 Thule），ガドリニウム Gd（化学者ガドリン），ルテチウム Lu，スカンジウム Sc，およびジスプロシウム Dy の6つが見つかりました．この村ほど多くの元素名と関連する場所は世界中でほかになく，「周期表のガラパゴス諸島」という異名がつけられています．

▲スウェーデンの寒村イッテルビー

(A ① スウェーデン)

Q07 空気中から検出されない元素は，どれでしょう？
① 窒素　　② アルゴン　　③ 炭素　　④ セレン

　人間は「空気」がないと生きていけません．一般にいう「空気」は無色透明で，人が暮らすなかでつねに身のまわりにあるものです．「空気」という気体があるわけではなく，複数の気体の混合物です．その組成は約80％が窒素 N_2，約20％が酸素 O_2 で，割合はほぼ一定です．乾燥した空気のおおよその組成は，イラストのようになっています．

　セレン Se は自然界に多く存在し，人体にとって必要不可欠な微量必須元素のひとつですが，空気中からは検出されず，ほとんど存在しないといえるでしょう．

　なお，空気中にもっとも多い窒素を発見したのは，スコットランドの化学者ダニエル・ラザフォード（1749-1819）で，1772年のことでした．彼は，窒素単体を分離しましたが，窒素が元素であることを発見したのは，フランスの化学者アントワーヌ・ラボアジェで，『化学原論』を著した1789年のころです．近代化学の父といわれたラボアジェは，フランス革命が起こった5年後に処刑されて亡くなりました．

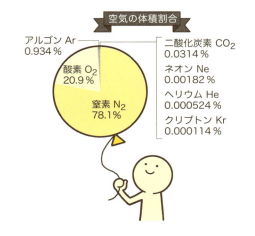

空気の体積割合
- アルゴン Ar　0.934 %
- 酸素 O_2　20.9 %
- 窒素 N_2　78.1 %
- 二酸化炭素 CO_2　0.0314 %
- ネオン Ne　0.00182 %
- ヘリウム He　0.000524 %
- クリプトン Kr　0.000114 %

答 ④ セレン

LEVEL 1 Q08

炭素の同素体ではないものは，どれでしょう？
① フラーレン　② グラファイト　③ ベンゼン
④ ダイヤモンド

同素体とは，同じ元素からなる単体で，異なる性質をもつものどうしをいいます．炭素 C の同素体のひとつであるダイヤモンドは，炭素原子が正四面体格子状に配置している構造です．グラファイトともよばれる黒鉛は，炭素原子が六角形状に拡がったシート構造をもち，これが何層にも重なっています．一方，カルビンも炭素原子が直鎖状につながった同素体ですが，きわめて不安定なので性質はまだ知られていません．

フラーレンは，C_{60} に代表される球状の炭素の同素体のひとつです．とくに C_{60} は「サッカーボール分子」として親しまれています．1985 年にフラーレンを発見したハロルド・クロトー（1939-2016），リチャード・スモーリー（1943-2005），ロバート・カール（1933-）らは，1996 年度のノーベル化学賞を受賞しました．

一方，ベンゼン C_6H_6 は炭素と水素からできている化合物であり，炭素の同素体ではありません．炭素原子が六角形に並んだ平面構造をしています．

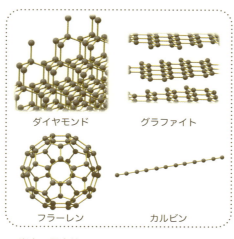
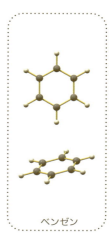

▲炭素の同素体

元素検定 LEVEL 1 ● 27

LEVEL 1 Q09 次のうち，もっとも軽いものはどれでしょう？
① 陽子　② 原子核　③ 電子　④ 中性子

原子は，原子核と電子からできています．原子核には，原子番号と同じ数の陽子があります．原子核には，陽子に加えて中性子がある場合があります．原子の大きさは，およそ 10^{-10} メートルで，原子核はその10万分の1，約 10^{-15} メートルほどです．原子核にある陽子と中性子はほぼ同じ重さで，約 1.67×10^{-24} グラムです．一方，電子はその1840分の1で，9.1×10^{-28} グラムです．陽子は正電荷を，電子は負電荷をもちますが，中性子は電荷をもちません．

原子番号，すなわち陽子の数は同じで，中性子の数がちがう原子どうしを，同位体といいます．たとえば，水素の原子核は陽子1つですが，陽子1つに加えて中性子を1つもつ水素を重水素，2つもつ場合は三重水素といいます．

陽子や中性子に比べて電子の重さはかなり小さいので，原子の重さはほぼ原子核の重さと同じになります．陽子と中性子の数を合わせたのが質量数です．陽子と中性子がだいたい同じ重さなので，質量数は原子の重さを「陽子何個分」であらわした数字といえます．

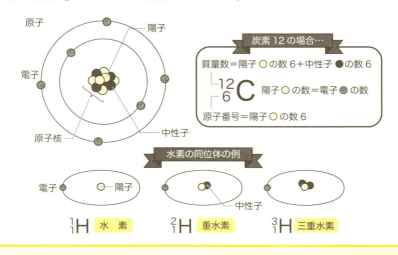

（A ③ 電子）

LEVEL 1 Q10

金属の鉄は空気中でほうっておくとさびていきます。何とくっつくからでしょう？

① 窒素　② 炭素　③ 酸素　④ 二酸化炭素

鉄 Fe は空気中に置いておくと，表面が赤くさびてしまいます。これは，鉄と酸素 O_2 が反応して酸化鉄になる化学変化です。ただし，湿気のない酸素は鉄とは反応しません。水分，とくに塩などのイオンが溶けた水があると，鉄と酸素との反応が進み，赤さびが生じます。長いあいだ放置すると，鉄表面から内部へとどんどんさびが進行し，全体をボロボロにしてしまいます。

赤さびのおもな成分は酸化鉄（Fe_2O_3）ですが，ちがう種類のさびもあります。同じ鉄でも，空気中で高い温度で加熱して酸素と反応させると，赤さびではなく，黒いさびができます。これは黒さびとよばれる四酸化三鉄（Fe_3O_4）で，Fe^{2+} イオンと Fe^{3+} イオンの2種類の鉄イオンがふくまれています。これが鉄の表面を膜のようにおおい，内側がさびないように守る役割をします。鉄鍋がさびにくいのは，表面が黒さびでおおわれているからです。

赤さび

黒さびで保護された鉄鍋

元素検定 LEVEL 1 ● 29

次のうち，燃えても二酸化炭素が出ないガスはどれでしょう？
① メタン ② 水素 ③ プロパン ④ 一酸化炭素

水素 H は，宇宙全体の質量の約 7 割を占めています．太陽の中心部では，水素などのガスが核融合反応を起こして光っています．分子式 H_2 であらわされる水素は，燃えて酸素 O_2 と結びつくことで，水 H_2O になります．つまり，水素ガスは燃えたあと水だけができるため，クリーンなエネルギー源として期待されています．日本の昔のガス灯や都市ガスには，水素と一酸化炭素の混合ガスが利用されていました．そののち，輸送の困難さや発熱量などの問題があり，現在ではメタンガスが主成分の天然ガスを，都市ガスとして供給しています．

一方，家庭でよく使われる LP ガス（液化石油ガス）の主成分はメタンよりも発熱量が多いプロパンです．メタンやプロパンに代表される，化石燃料，すなわちメタン系の炭化水素化合物（パラフィン系炭化水素ともいいます）は，燃えると二酸化炭素を放出します．地球温暖化の原因ともいわれる温室効果ガスのひとつである二酸化炭素の排出量を減らすことが国際的な課題となっています．

都市ガス

LPガス

コンロ燃料

アミノ酸に必ずふくまれている元素は，どれでしょう？
① **塩素**　② **リン**　③ **窒素**　④ **ケイ素**

アミノ酸とは，分子のなかにアミノ基とよばれる「–NH$_2$」という窒素 N と水素 H をもつ結合部分と，カルボキシ基とよばれる「–C(O)OH」という炭素 C と酸素 O と水素 H をもつ結合部分の二つを併せもつ化合物の総称です．私たち人間の身体の血管や内臓，筋肉などのもととなる「タンパク質」は，いくつものアミノ酸どうしが，それぞれのアミノ基とカルボキシ基を「ペプチド結合」とよばれる結合でつながることでつくられています．人間の身体の約 2 割はタンパク質で構成されているといわれていますが，このタンパク質はほんの 20 種類のアミノ酸の複雑な組合せからできているにすぎません．この 20 種類のなかには，硫黄 S をふくむアミノ酸もありますが，すべてにふくまれているのは③の窒素です．

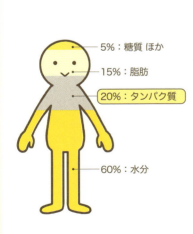

▲私たちの身体とタンパク質

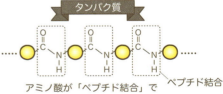

アミノ酸が「ペプチド結合」で何百個もつながったもの

20 種類のアミノ酸が，生体のタンパク質をつくっています

LEVEL 1 Q13 強力な永久磁石の材料となる元素は,どれでしょう?
① ナトリウム ② アルゴン ③ ネオジム ④ 金

原子番号 57 のランタン La から原子番号 71 のルテチウム Lu までの 15 元素は,ランタノイドとよばれ,化学的性質が互いによく似ています.ネオジム Nd は,ランタノイドのなかでセリウム Ce についで 2 番目に地殻に豊富な元素です.

ネオジムと鉄 Fe,ホウ素 B の合金（$Nd_2Fe_{14}B$）は,磁力が強力な永久磁石になります.ネオジム磁石とよばれ,1982 年に佐川眞人によって発明されました.ネオジム磁石は,パソコンのハードディスクやハイブリッド車のモーター,磁気共鳴画像装置（magnetic resonance imaging；MRI）の磁石,スピーカーなどに利用されています.

ネオジムは,長寿命で高効率の固体レーザーにも用いられています.ネオジムイオン Nd^{3+} を添加した YAG レーザー（イットリウム Y－アルミニウム Al－ガーネットレーザー）は,波長 1064 ナノメートルの光を放出し,研究や工業,医療などの分野で広く利用されています.

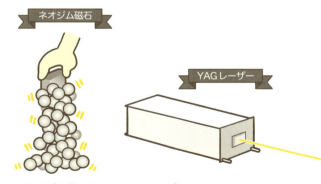

▲ネオジム磁石と Nd：YAG レーザー

(答え ③ ネオジム)

LEVEL 1 Q14

海水中にもっとも多く含まれる塩は、どれでしょう？
① 塩化ナトリウム　② 塩化マグネシウム
③ 塩化カリウム　　④ 塩化カルシウム

海水1キログラムには、約34グラムの塩が含まれています。塩の主成分は塩化ナトリウム NaCl です（約30グラム）。ナトリウム Na と塩素 Cl は、それぞれ海水中にナトリウムイオン Na^+ と塩化物イオン Cl^- として存在します。海水には、そのほかにもマグネシウムイオン Mg^{2+}、硫酸イオン SO_4^{2-}、カルシウムイオン Ca^{2+}、カリウムイオン K^+、炭酸水素イオン HCO_3^- などが多く含まれています。

ナトリウムは、ヒトにとって必須の元素です。体重70キログラムの成人の体には、約100グラムのナトリウムが含まれています。血液100ミリリットルには、約0.9グラムの塩化ナトリウムが含まれ、赤血球の形を保ったり細胞のイオンバランスを保つのに役立っています。しかし、慢性的なナトリウムの過剰摂取は高血圧の原因のひとつとされ、摂取量は、食塩として1日10グラム以下（理想的には7〜8グラム）に抑えるとよいとされています。

ナトリウムは、トンネル内部のナトリウムランプ、食塩（NaCl）、ベーキングパウダー（$NaHCO_3$）など、さまざまな用途で使われています。

海水中のおもなイオンと濃度

イオン	濃度（モル濃度）
Cl^-	0.5658
Na^+	0.4857
Mg^{2+}	0.0552
SO_4^{2-}	0.0293
Ca^{2+}	0.0106
K^+	0.0106
HCO_3^-	0.0021

桜井弘編,『元素118の新知識』,講談社 (2017).

A ① 塩化ナトリウム

元素検定 LEVEL 1

Q15
アクチニウムからローレンシウムまでの15元素はまとめて，何とよばれるでしょう？

① アルカリ金属　② 貴ガス　③ ハロゲン　④ アクチノイド

原子番号89のアクチニウムAcから原子番号103のローレンシウムLrまでの15元素はアクチノイドとよばれ，ふつうは周期表の別枠として，ランタノイドといっしょに並べられています．すべて放射性をもち，原子番号89のアクチニウムから原子番号92のウランUまでは自然界に存在することが知られています．原子番号93のネプツニウムNpから原子番号103のローレンシウムLrまでは，加速器や原子炉を用いて人工的につくられました．しかしその後，原子番号93のネプツニウムと原子番号94のプルトニウムPuは，自然界にもごく微量存在することが確認されました．

アクチノイドは，ランタノイドと同様に化学的性質が互いによく似ています．これは，電子数が変わっても元素の性質を決める外側の電子配置がほとんど変わらないためです．ランタノイドは身近な工業製品に利用されていますが，アクチノイドは特殊な施設で管理され，普段の生活ではなかなか触れることができません．しかし，ウランやプルトニウム，トリウムは，原子力発電の核燃料物質として，貴重な資源です．

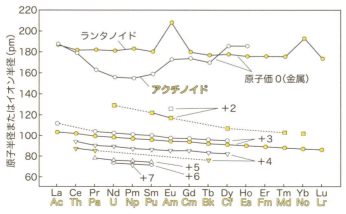

▲アクチノイド，ランタノイドの原子半径および各酸化数のイオン半径

A ④ プルトニウム

日本でつくられた113番元素の名前は，どれでしょう？
① ジャポニウム   ② ニッポニウム   ③ ニホニウム
④ ヤマトニウム

2015年末，国際純正・応用化学連合（IUPAC）は，113番元素命名の優先権を理化学研究所の森田浩介（1957-）らの研究グループに与えると公表しました．アジア初，日本発の新元素が誕生しました．森田グループは113番元素の元素名として，日本の名を冠したニホニウム，元素記号 Nh を提案しました．この元素名は，2016年11月28日にIUPACによって正式に承認されました．

　質量数278のニホニウムの同位体（^{278}Nh）は，原子番号83のビスマス209（^{209}Bi）に，加速器で光速の10％にまで加速した原子番号30の亜鉛70（^{70}Zn）イオンを照射し，原子核融合反応によって合成されました．森田グループは，2003年から合成実験をおこない，2004年7月23日に最初のニホニウムを1原子観測しました．^{278}Nh は，わずか344マイクロ秒の寿命で原子番号111のレントゲニウム274（^{274}Rg）にアルファ壊変していきました．森田グループは，2005年と2012年にもニホニウムを1原子ずつ観測しました．ニホニウムを合成できる確率はとても小さく，探索開始から元素として認定されるまで，13年間という長い道のりになりました．

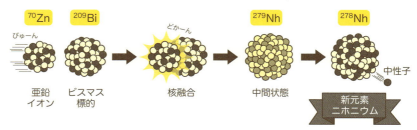

▲ニホニウム合成に用いられた核融合反応のようす

A ③ ニホニウム

Q17 元素周期表で，銅，銀，金の下にならんでいる元素は，どれでしょう？

① 白金　② レントゲニウム　③ ラドン　④ ニホニウム

銅 Cu，銀 Ag，金 Au の3元素は古代より知られていて，さまざまな用途に用いられてきました．これらの3元素は周期表の第11族，上から銅，銀，金の順で縦に並んでいます．金の下には，原子番号111 のレントゲニウム Rg が置かれています．レントゲニウムは，1994 年，ドイツ重イオン科学研究所のジクルト・ホフマン（1944-）らの研究グループが，原子番号83のビスマス209（^{209}Bi）に原子番号28のニッケル64（^{64}Ni）の原子核を衝突させ，人工的につくり出しました．ホフマンらはこの新しい元素を，X 線を発見したドイツの物理学者ヴィルヘルム・レントゲン（1845-1923）にちなんで，レントゲニウムと命名しました．ちなみに，レントゲンは X 線を発見した功績で，1901 年に第1回ノーベル物理学賞を受賞しています．レントゲニウムのくわしい性質はまだよくわかっていません．

▲元素周期表

A ② レントゲニウム

36 ●元素検定

Q18 コペルニシウムの元素記号は，どれでしょう？
① C ② Co ③ Cs ④ Cn

　原子番号112の元素は，1996年，ドイツ重イオン科学研究所のジクルト・ホフマンらの研究グループが，原子番号82の鉛208（^{208}Pb）に原子番号30の亜鉛70（^{70}Zn）の原子核を衝突させ，核反応によって人工的につくり出しました．つくられた質量数277の112番元素の同位体は，SHIPとよばれる反跳核分離装置を使って，一瞬のうちに未反応の^{70}Znビーム粒子や副反応生成物から分離され，シリコン半導体検出器で検出されました．生成した112番元素の同位体は，わずか240マイクロ秒の半減期で原子番号110のダームスタチウム273（^{273}Ds）にアルファ壊変していきました．

　2010年，国際純正・応用化学連合（IUPAC）は112番元素の名前を，地動説を唱えたポーランド出身の天文学者ニコラウス・コペルニクス（1473-1543）にちなんで，コペルニシウム（英語名：copernicium），元素記号Cnに決定しました．

　ドイツ重イオン科学研究所の研究グループは，コペルニシウムのほかにも107番元素ボーリウムBhから111番元素レントゲニウムRgの合成，発見に成功しています．

▲ニコラウス・コペルニクス（左）とジクルト・ホフマン（右）

（Ａ ④ Cn）

元素検定 LEVEL 1 ● 37

Q19 白，黒，赤，紫色など数種類の同素体をもつ元素は，どれでしょう？

① 硫黄　　② リン　　③ ヒ素　　④ セレン

同じ1種類の元素でできた物質にもかかわらず，色や化学的・物理的性質が異なるものを同素体とよびます．たとえば，ダイヤモンドとグラファイトはともに炭素原子でできている同素体です．

炭素と同様な同素体があるのが，リンです．リンには，白リン，黒リン，黄リン，赤リン，紫リンなどが知られています．ただし，正確には同素体と見なせるのは白リンと黒リンで，ほかはそれらの混合物やポリマー状につながったものになります．

白リンはリン原子がつくる四面体型の分子からなり，その比重はリンのなかでも，もっとも軽い1.8です．常温でロウ状の固体（融点44.2 ℃）で，強い毒性があり，ニンニク臭がします．60 ℃で自然発火し，常温でも，ゆるやかに酸化され，青白く発光します．

一方，黒リンは二次元的な構造をもった半導体です．その比重は2.7で，白リンより5割近く重くなっています．グラファイトの二次元シートであるグラフェンに対応する黒リンナノシートが電界効果トランジスタなど半導体材料として注目されています．

赤リンは，一定の個数のリン原子からなる分子ではなく，多数のリン原子からできたポリマー状の物質で，比較的安定です．発火点が260 ℃で，マッチの材料に使われます．また，黄リンは白リンの表面が微量の赤リンでおおわれたもので，紫リンは黒リンと赤リンの混合物です．

▼リンの同素体の例

▲リンのいろいろな姿　　白リンの結晶構造　　黒リンの結晶構造

A ② (リン)

LEVEL 1 Q20 貴ガス元素のなかで地球上にもっとも多く存在し，溶接で使われる元素は，どれでしょう？
① ヘリウム　　② クリプトン　　③ アルゴン　　④ ネオン

　第18族の貴ガス元素は，最外殻の軌道を電子がすべて満たしているため，化学的に不活性で，多くの場合，単原子分子になります．大気にも貴ガスはふくまれていて，アルゴン Ar（0.93％），ネオン Ne（18.18 ppm），ヘリウム He（5.24 ppm），クリプトン Kr（1.14 ppm），キセノン Xe（0.087 ppm）の順に多く存在しています（ppm は 100 万分の 1）．

　貴ガスは空気を冷やして，沸点のちがいにより精製する方法でつくられます．溶接は金属を高い温度で加熱してくっつけることにより，一体の金属の塊にする技術です．溶接では大気中の酸素に触れることを遮断するために，貴ガスを吹きつけます．酸素を遮断する効果にそれほど差はないので，もっとも価格の安いアルゴンガスがよく使われています．

　そのほか，貴ガスにはつぎのイラストに示すように，多くの用途があります．放電によってその元素自体が発光したり（ネオン），フィラメントの寿命を長くするために封入されたりと（アルゴン，クリプトン，キセノン：この順番で寿命が長くなり，より強い発光が可能になります），発光，照明の用途にも多く使われています．

A ③ アルゴン

LEVEL 1 Q21

強力磁石が必要なウォークマンの初代機に使われた元素は，どれでしょう？
① ゲルマニウム　② チタン　③ ストロンチウム
④ サマリウム

　永久磁石による磁場中で，電流を流したコイルが力を受け，それにつながった振動板を駆動して音を発生するのがスピーカーです．ポータブルオーディオのヘッドホン（イヤホン）には，強力で高性能な磁石が必要になります．ウォークマンの初代機は1979年に発売されました．当時，その高性能な磁石という要求に応えることができたのが，サマリウムコバルト磁石 $SmCo_5$ です．1969年にアメリカでサマリウムコバルト磁石が開発され，その後1976年に，より高性能で，かつ希土類のうちとくにサマリウム Sm の含有量を減らしてコスト面で有利な Sm_2Co_{17} が日本で開発され，ウォークマンの初代機にはこの Sm_2Co_{17} が採用されました．高性能磁石が開発されたからこそ，小型かつ軽量で高音質な音楽を楽しむことができるようになったといえます．

　また，サマリウムコバルト磁石は磁力を失ってしまう温度（キュリー温度といいます）が約700〜800℃とネオジム磁石（キュリー温度310℃）に比べて高いので，高温での用途で有用です．

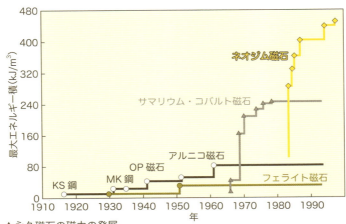

▲永久磁石の磁力の発展
佐川眞人 編，『永久磁石―材料科学と応用』，アグネ技術センター（2007）を参考に．

A ④ サマリウム

Q22 ルビーやサファイア，エメラルドなどの宝石のおもな成分である元素は，どれでしょう？
① マグネシウム　② カルシウム　③ バリウム
④ アルミニウム

天然の宝石の多くは酸化物の結晶です．代表的な宝石の化学組成を図に示しました．酸化物の宝石のなかで，アルミニウム Al が主成分なのは，ルビーやサファイア，コランダムです．アルミニウム原子と酸素原子 O がつくる結晶構造はすべて同じで，微量ふくまれる金属イオンのちがいによって発色が変わり，宝石の名前も変わります．微量のクロム Cr がふくまれたものがルビーで，含有量が 1% 程度だと濃い赤色，0.1% くらいに減ると薄い赤色になり，「ピンクサファイア」とよばれます．ルビーのなかでクロムは Cr^{3+} イオンとして存在し，青色から緑色の波長の光を吸収するため，赤く見えます．不純物として鉄 Fe やチタン Ti をふくみ，赤色以外の色に見えるものがサファイアです．酸化物でできた宝石のおもな成分元素はアルミニウムのほかに，地殻中に多くふくまれるケイ素 Si，マグネシウム Mg，鉄などがあります．

ルビー (Al_2O_3)　サファイア (Al_2O_3)　エメラルド ($Be_3Al_2Si_6O_{18}$)

コランダム (Al_2O_3)　トルコ石 ($CuAl_6(PO_4)_4(OH)_8 \cdot 4H_2O$)　ヘマタイト（赤鉄鉱）($Fe_2O_3$)

A ④ アルミニウム

元素検定 LEVEL 1 ● 41

LEVEL1 Q23 「特有なにおい」をもつ元素は，どれでしょう？
① セレン　　② アンチモン　　③ 窒素　　④ ヘリウム

特有なにおいのする元素として有名なのが硫黄 S です．ただし，固体の硫黄そのものに，においはありません．卵の腐ったようなやなにおいの正体は，硫化水素 H_2S です．このため，"「硫黄」のにおい" というのは正確には間違いであるように思われがちですが，もともとは温泉の「湯の花」のことを「硫黄」とよんでいて，その元となる元素に「硫黄」という名前をつけたという経緯があります．さて，常温で固体の元素でも大気と反応して化合物をつくり，特有のにおいが生じるものに，硫黄と同族元素であるセレン Se とテルル Te があります．ともに「硫黄」のにおいをさらにひどくしたような独特の悪臭がします．

映画『レナードの朝』でよく知られているイギリス生まれの脳神経外科医のオリヴァー・サックス（1933-2015）は著書『タングステンおじさん』のなかで，セレン化水素のにおいを次のようにあらわしています．「硫化水素のにおいがひどいとしたら，セレン化水素のにおいはその 100 倍もひどかった．」

セレンは人体にとって必須元素です．タンパク質に組み込まれて，ビタミン C やビタミン E と協調して，活性酸素やラジカルから生体を守っていると考えられています．

▲臭いにおいでうっ…

（A）① セレン

LEVEL 1 Q24

金属元素でないにもかかわらず「…ウム」という名前をもつ元素は，どれでしょう？

① カルシウム　② タリウム　③ ヘリウム　④ ナトリウム

元素の名前の多くが "○○ウム" になっています．ウム〔-ium（-um）〕はラテン語の中性名詞につく語尾で，金属元素の語尾につけることが IUPAC（国際純正・応用化学連合）により決められています．

超ウラン元素のなかで，形状（固体，液体，気体）がわかっているもっとも原子番号の大きな元素はアインスタイニウム Es で，金属であることがわかっています．

周期表のなかには，金属ではないのにウムがついている元素があります．それが，ヘリウム He（原子番号 2）です．イギリスのノーマン・ロッキャー（1836-1920）は，1868 年にケンブリッジで太陽を観測して太陽コロナに新しい発光スペクトルを見つけ，新元素があると考えました．そして，この元素にギリシャ語の太陽 "*helios*" にちなんでヘリウムという名前をつけました．ヘリウムに "ウム" がついているのは，もともと特定のガスが発見されていて，それに名前をつけたわけではないからです．

ヘリウムは液体にすると −268.9 ℃になり，極低温の環境を実現できます．この液体ヘリウムは，リニアモーターカーや磁気共鳴画像装置（MRI）の超伝導磁石の冷却に利用されています．

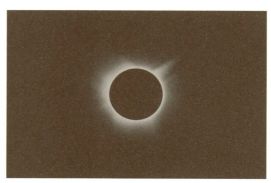

▲太陽のコロナ

A ③ ヘリウム

元素検定 LEVEL 1　43

つぎの物体の上に氷のかたまり（約 1 cm³）を置いたとき，氷がもっとも早く溶けるのは，どれでしょう？
① アルミニウム　　② ステンレス　　③ ガラス　　④ 木材

氷が溶ける速さは，まわりの物体にどれだけ速く熱を伝えるかで決まります．熱の伝わり方は，熱伝導率から知ることができます．純粋なアルミニウム Al は 99% 以上がアルミニウムの単体ですが，空気中では腐食して白くなるため，表面はアルマイト（酸化アルミニウム）で保護されています．ステンレス（ステンレス鋼）は，鉄 Fe とクロム Cr との合金です．鉄がさびないように，鉄（50% 以上）にクロム（10% 以上）を加えています．一方，ガラスのおもな成分は，ケイ素 Si の酸化物（酸化ケイ素）です．木材は，セルロースやリグニンなどの有機物でできていて，炭素が 50%，水素が 6%，酸素が 44% ふくまれています．

4 つの物体の熱伝導率を大きい順にならべると，アルミニウム＞ステンレス＞ガラス＞木材となり，アルミニウムがもっとも速く熱を伝え，氷は 10 分ほどで溶けてしまいます．最近では，硬いアイスクリームをすくいやすくするために，熱伝導率の高いアルミニウムを使ったスプーンも市販されています．

おもな物質の熱伝導率

物　質	ふくまれるおもな元素	熱伝導率（W・m⁻¹・K⁻¹）
ダイヤモンド	C	1000-2000
銀	Ag	420
銅	Cu	398
金	Au	320
アルミニウム	Al	236
鉄	Fe	84
ステンレス	Fe Cr	17-21
ガラス	Si O	1
水	H O	0.6
ポリエチレン	C H	0.4
木材	C H O	0.15-0.25
空気	N O	0.002

国立天文台 編，『理科年表 第 85 冊（平成 24 年）』，丸善出版（2012）などよりデータをまとめた．

[A. ① アルミニウム]

Q26 人の体のなかにある鉄の量は，どのくらいでしょう？

① 太くて長い釘1本　② 細くて短い釘1本
③ 針1本　　　　　　④ ピンポン玉1個

体のなかの鉄 Fe の量は，男性では平均4〜6グラム，女性では3〜4グラムあります．短い釘1本分くらいの重さです．ナトリウム Na やカリウム K などのアルカリ金属元素，カルシウム Ca やマグネシウム Mg などのアルカリ土類元素を除くと，鉄はもっとも多量にある金属元素です．人体にふくまれる鉄は大きく分けると，生きていくうえに必要な反応に関係している鉄（機能鉄）と鉄が不足しないよう常に身体に貯えている鉄（貯蔵鉄）とがあります．機能鉄には，血液や筋肉中で酸素を運び，貯えている赤い色のヘモグロビンやミオグロビンなどのヘム鉄タンパク質，電子をやり取りする働きをする鉄と硫黄原子が結合した非ヘム鉄タンパク質があります．一方の貯蔵鉄には，分子量の大きなタンパク質が知られています．

食品から鉄を身体に取り入れるときは，肉類に多いヘム鉄食品は身体に吸収されやすく，ほうれん草などの野菜に多い非ヘム鉄食品は身体に吸収されにくいことが知られています．

▲食品にふくまれている鉄のタイプ
非ヘム鉄・・・吸収しにくい．ほうれん草など，おもに野菜にふくまれている
ヘム鉄・・・非ヘム鉄の5倍吸収しやすい．レバーなど肉類にふくまれている

A ② 細くて短い釘1本

元素検定 LEVEL 1 ● 45

Q27 ラジウムから放出される気体は，どれでしょう？
① 酸素　　② ヘリウム　　③ ラドン　　④ アルゴン

　ピエール・キュリー（1859-1906）とマリー・キュリー（1867-1934）夫妻は，1898年に放射性元素ポロニウムPoとラジウムRaを発見したとき，ラジウムにふれた空気は放射能をもつようになることに気づいていました．1900年にフリードリヒ・エルンスト・ドルン（1848-1916）は，この放射能はラジウムが壊変してできる放射性の気体によると考えました．そして，1902年にアーネスト・ラザフォード（1871-1937）とフレデリック・ソディー（1877-1956）は，この気体は貴ガス元素であること，さらに貴ガス元素をつぎつぎと発見していたウィリアム・ラムゼー（1852-1916）とルイス・ハロルド・グレイ（1905-1965）によって，1910年，この気体はもっとも重い貴ガス元素であることが明らかになりました．1923年の国際会議で，この気体はラジウムの壊変によってつくられるためにラドンRnと名づけられました．

　ラドンは1原子の気体で，安定な電子構造をもっています．地下水や温泉水に溶けていることが多く，ラドン泉やラジウム泉とよばれています．低濃度の放射線は健康に寄与するとの考え方（これを放射線ホルミシス効果といいます）があります．

▲ラドンを発見したドイツの物理学者
　フリードリヒ・エルンスト・ドルン

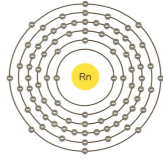

▲ラドンの電子配置

A ③ ラドン

Q28 孔雀石（マラカイト）の美しい青緑色はおもにどの元素によるものでしょう？

① コバルト　② 鉄　③ 銅　④ アルミニウム

孔雀石の名前は，石の表面の縞模様が「孔雀の羽」の模様に似ていることに由来しています．しかし，英語名のマラカイト Malachite はギリシャ語の「アオイ（ゼニアオイ）のような緑」を意味する言葉に由来しています．孔雀石は紀元前 2000 年ころのエジプトでは宝石として利用されました．粉末は顔料（岩絵具）として古くから使われ，「マウンテングリーン」，日本では「青丹（あおに）」とよばれていました．青は緑のことで，丹は土を意味しています．万葉集で「青丹よし　ならのみやこは咲く花のにほふがごとく　いま盛りなり」と歌われていますね．

孔雀石には銅 Cu が含まれ，その化学組成は炭酸水酸化銅で，$Cu_2CO_3(OH)_2$ または $Cu(CO_3)Cu(OH)_2$ と書かれます．2 個の銅イオンが青緑色の原因です．鮮やかな青色をしているアズライト（藍銅鉱（らんどうこう），マウンテンブルー）の化学組成 $Cu_3(CO_3)_2(OH)_2$ とよく似ています．「自由の女神」，「鎌倉の大仏」，ロダンの「考える人」などの銅像もさびて緑青（ろくしょう）になりますが，これもよく似た化学組成を示します．

▲孔雀石

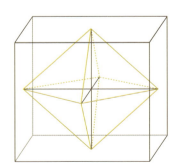
▲結晶構造（単斜晶系）

元素検定 LEVEL 1 ● 47

LEVEL 1
Q29

緑柱石（ベリル）から発見されたため，この石のギリシャ語名に由来して名づけられた元素は，どれでしょう？
① ビスマス　② ガリウム　③ ストロンチウム
④ ベリリウム

緑柱石は美しい緑色の鉱物で，透明度の高いものは宝石エメラルドとして有名です．緑柱石の成分研究は，18世紀の終わりに，チタン Ti，ジルコニウム Zr，ウラン U やセリウム Ce を発見したドイツのマルティン・クラップロート（1743-1817）やクロム Cr を発見していたフランスのルイ＝ニコラ・ボークラン（1763-1829）がはじめました．ふたりともこの石から新元素を発見することはできませんでした．緑柱石から元素を単体で発見したのは，ドイツのフリードリヒ・ヴェーラー（1800-1882）とフランスのアントワーヌ・ビュシー（1794-1882）で，1828年のことでした．しかし，元素の名前はなかなか決まらず，1943年になってようやく緑柱石のギリシャ語名 *beryllos* にちなんで，ベリリウム Be と名づけられました．

緑柱石の化学組成は，$Be_3Al_2Si_6O_{18}$ です．ベリリウムは，原子半径が1.12オングストロームで小さく，原子核の正電荷の影響が大きいため，電子は放出されにくく安定しています．この性質を利用して，中性子の減速材に使われています．

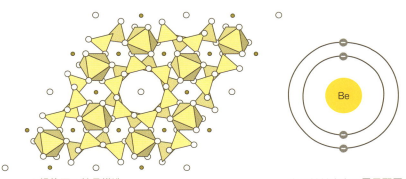

▲緑柱石の結晶構造
結晶構造ギャラリーの構造図を参考に．
https://staff.aist.go.jp/nomura-k/japanese/itscgallary.htm

▲ベリリウムの電子配置

【A】④ ベリリウム

LEVEL 1 Q30

昔は毒として，いまは赤色をだす発光ダイオードの成分として使われている元素は，どれでしょう？

① リン　② ヒ素　③ 水銀　④ 鉛

古代のギリシャやローマでよく知られた毒といえばヒ素 As でした．雄黄（As$_2$S$_2$）や鶏冠石（As$_4$S$_4$）があります．8 世紀には，三酸化ヒ素（As$_2$O$_3$）がつくられました．13 世紀にドイツのアルベルトゥス・マグヌス（1193-1280）が単体のヒ素 As を単離したと伝えられています．ヒ素の元素名 arsenic は，黄色の顔料を意味するギリシャ語 arsenikon に由来しています．ヒ素の毒性を利用した医薬品もつくられました．梅毒の治療薬サルバルサンや熱帯性睡眠病の治療薬メラルソープがあります．急性前骨髄球性白血病の治療には，三酸化ヒ素が使われています．

ヒ素は第 15 元素ですが，第 13 族元素や第 14 族元素と化合物をつくると半導体としての性質を示します．同じ周期の元素と比べると第 15 族元素の電子数が 1 ないし 2 個多いため，電子を放出して伝導性をもつようになるからです．ヒ化ガリウム（GaAs）系半導体は，赤，橙，黄色を出す発光体として重要です．発光ダイオードとは，一定方向に電圧を加えたときに発光する半導体素子のことです．

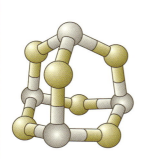
▲三酸化ヒ素

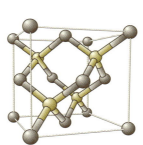
▲ヒ化ガリウム

▲マグヌス

LEVEL 2

LEVEL 1

LEVEL 3

LEVEL 4

LEVEL 5

DATABOX

回答欄

LEVEL 2 Q01
白川英樹がポリアセチレンの電気伝導性を発見する発端となった元素は，どれでしょう？
① 塩素　② ヨウ素　③ 銅粉末　④ 鉄粉末

LEVEL 2 Q02
フジツボや海藻から船底や漁網を守る物質に使われている金属元素は，どれでしょう？
① 鉄　② マンガン　③ スズ　④ ニッケル

LEVEL 2 Q03
窒素の同位体 ^{15}N の原子では，陽子:中性子:電子の数の比は，どうなるでしょう？
① 7：7：7　② 7：8：7　③ 7：14：7　④ 7：8：15

LEVEL 2 Q04
ドイツ語の「悪魔の銅」に由来する名前をもつ元素は，どれでしょう？
① ニッケル　② コバルト　③ 亜鉛　④ マンガン

LEVEL 2 Q05
動物の生命活動に必須であると最近わかったハロゲン元素は，どれでしょう？
① フッ素　② 塩素　③ 臭素　④ ヨウ素

LEVEL 2 Q06
原子核をとり囲む最初の電子の存在範囲は，原子核の大きさを 1 とすると，約何倍でしょう？
① 10 倍　② 1000 倍　③ 10 万倍　④ 100 万倍

LEVEL 2 Q07
「カルコゲン」とよばれる元素族にふくまれない元素は，どれでしょう？
① アンチモン　② テルル　③ 硫黄　④ セレン

LEVEL 2 Q08
かつてメンデレーエフが「エカケイ素」とよび，光ファイバーの中心部の材料に元素は，どれでしょう？
① テクネチウム　② ゲルマニウム　③ テルル　④ ヨウ素

LEVEL 2 Q09
元素の化学的性質を決めている要素は，どれでしょう？
① 中性子の数　② 最外殻電子の数　③ 質量数　④ 原子番号

LEVEL 2 Q10
生物にとって必須ではない元素は，どれでしょう？
① クロム　② コバルト　③ テルル　④ モリブデン

回答欄

LEVEL2 Q11

熱に強い「パイレックス® ガラス」は，石英ガラスに何を加えるとできるでしょう？

① 酸化アルミニウム　② 酸化銅　③ 酸化ホウ素　④ 酸化鉄

LEVEL2 Q12

包装用フィルムなどに用いる「テフロン™」はポリエチレンの水素原子を，どの原子に置きかえるとできるでしょう？

① テルル　② 塩素　③ フッ素　④ ロジウム

LEVEL2 Q13

これまでに発見された同位体の数は，いくつあるでしょう？

① 約 1000 個　② 約 2000 個　③ 約 3000 個　④ 約 4000 個

LEVEL2 Q14

元素名がドイツの地名に由来しない元素は，どれでしょう？

① ゲルマニウム　② ドブニウム　③ ハッシウム
④ ダームスタチウム

LEVEL2 Q15

ハロゲンのうち，もっとも重い元素は，どれでしょう？

① フッ素　② 塩素　③ ヨウ素　④ テネシン

LEVEL2 Q16

サイクロトロンの発明者の名前がつけられた元素は，どれでしょう？

① キュリウム　② ローレンシウム　③ シーボーギウム　④ フレロビウム

LEVEL2 Q17

原子核を発見した物理学者の名前がついた元素は，どれでしょう？

① ノーベリウム　② ラザホージウム　③ シーボーギウム　④ マイトネリウム

LEVEL2 Q18

ロシアの州の名前にちなんで名づけられた元素の元素記号は，どれでしょう？

① Mc　② Mo　③ Md　④ Mt

LEVEL2 Q19

書き換え可能な CD や DVD に使われている元素は，どれでしょう？

① セレン　② ケイ素　③ インジウム　④ テルル

LEVEL2 Q20

鉄と合金にすると硬さや強さが増すため，工具などに使われている元素は，どれでしょう？

① ニオブ　② ニッケル　③ バナジウム　④ モリブデン

52 ●元素検定

回答欄

Q21 (LEVEL 2)
強力な光量が必要なスポーツ競技場で使われるメタルハライドランプに使われている元素は，どれでしょう？
① ストロンチウム　② バリウム　③ リチウム　④ スカンジウム

Q22 (LEVEL 2)
古代の岩石の年代測定に利用される元素は，どれでしょう？
① 鉄　　② ルビジウム　　③ カルシウム　　④ ナトリウム

Q23 (LEVEL 2)
自動車の非常に明るいヘッドライトに使われている元素は，どれでしょう？
① キセノン　　② ネオン　　③ アルゴン　　④ ヘリウム

Q24 (LEVEL 2)
磁気共鳴画像（MRI）検査の造影剤に使われるランタノイドは，どれでしょう？
① ガドリニウム　② ユウロピウム　③ テルビウム　④ ランタン

Q25 (LEVEL 2)
乾電池の正極には，ある元素の酸化物が使われています．どれでしょう？
① マンガン　　② 亜鉛　　③ 銅　　④ 鉛

Q26 (LEVEL 2)
元素の名前にちなんで国名がつけられた国は，どれでしょう？
① フランス　　② ポーランド　　③ ドイツ　　④ アルゼンチン

Q27 (LEVEL 2)
美しく輝くダイヤモンドを燃やすと，何になるでしょう？
① 炭素　　② 二酸化窒素　　③ 二酸化炭素　　④ 水

Q28 (LEVEL 2)
メンデレーエフが「エカテルル」とよび，キュリー夫妻により発見された元素は，どれでしょう？
① ラジウム　　② ポロニウム　　③ ラドン　　④ キュリウム

Q29 (LEVEL 2)
水素はH，炭素はCなど，元素記号をアルファベットであらわすよう提案したのは，だれでしょう？
① ドルトン　② ラボアジェ　③ メンデレーエフ　④ ベルセーリウス

Q30 (LEVEL 2)
元素記号とその名前の組合せでまちがっているのは，どれでしょう？
① Sn−スズ　② Sb−ストロンチウム　③ Cf−カリホルニウム
④ Nh−ニホニウム

元素検定 LEVEL 2 ● 53

白川英樹がポリアセチレンの電気伝導性を発見する発端となった元素は，どれでしょう？
① 塩素　② ヨウ素　③ 銅粉末　④ 鉄粉末

筑波大学の白川英樹（1936-）はアセチレン HC≡CH が薄膜状になったポリアセチレンをつくる方法を 1967 年に見つけました．アセチレンがポリアセチレンになると，一重結合（C−C）と二重結合（C=C）が交互に並んだ構造をとります．ポリアセチレンにはπ電子が詰まっていますが，電気を通す性質は不十分でした．彼はアメリカのアラン・ヒーガー（1936-），アラン・マクダイアミッド（1927-2007）とともに研究を進め，そこに少量のヨウ素 I_2 を加えました．するとヨウ素が電子をひき抜き，ぎっしり詰まったπ電子集団に空洞ができて，バケツリレーのように電子が自由に動くようになりました．その結果，電気抵抗が 1 億分の 1 以下にまで下がり，金属のような電気伝導性が生まれたのです．この発見で，3 人は 2000 年のノーベル化学賞に輝きました．

ポリアセチレンは空気中ではやや不安定で，ピロールという別の物質などからできた安定な伝導性高分子が開発されています．電気伝導性高分子はすでに携帯電話や小型ゲーム機などに使われ，電化製品の小型軽量化に貢献しています．

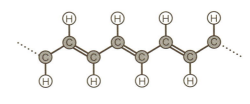

トランス型ポリアセチレンの構造

▲白川英樹とポリアセチレンの構造

(答え ② ヨウ素)

LEVEL 2 Q02

フジツボや海藻から船底や漁網を守る物質に使われている金属元素は，どれでしょう？
① 鉄　　② マンガン　　③ スズ　　④ ニッケル

船底などに塗るのは有機スズ入りの液体合成樹脂です．有機スズとは炭素とスズが直接結合した化合物で，塩化トリブチルスズ(n-C$_4$H$_9$)$_3$SnCl，塩化トリフェニルスズ(C$_6$H$_5$)$_3$SnClやビストリブチルスズオキシド(n-C$_4$H$_9$)$_3$SnOSn(n-C$_4$H$_9$)$_3$などがあります．フジツボや海藻などが船底につくと船の航行速度が遅れたり，発電所では冷却管が詰まったりするなどの被害がでます．被害を防ぐために，有機スズは1970年ころから使われました．有機スズのなかでもとくに塩化トリブチルスズはフジツボを殺す有毒物質で，船底への付着を防ぎます．しかし，海水に溶け込んで海水1リットルあたり1ナノグラム（1 ppb）でもイボニシという巻貝を雄性化する「環境ホルモン」にもなることがわかり，2008年に船舶への塗布は禁止されました．有機スズはヒトにも有害で，汚染された海産物を食べると頭痛やはき気，けん怠感などの中毒症が現れます．

　有機スズとは対照的に，金属スズSnは毒性がきわめて低く，昔から日常生活に使われています．銀白色の柔らかな金属で，銅との合金が青銅です．鉛との合金ははんだとよばれ，金属どうしを接合するのに使われます．ブリキはスズめっきした鉄板で，スズが鉄Feの表面を腐食から保護するので，缶詰や清涼飲料水の容器に利用されています．

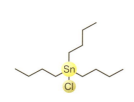
塩化トリブチルスズ

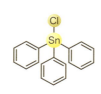
塩化トリフェニルスズ

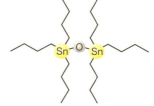
ビストリブチルスズオキシド

▲有機スズ化合物

元素検定 LEVEL 2 ● 55

窒素の同位体 ^{15}N の原子では，陽子：中性子：電子の数の比は，どうなるでしょう？
① 7：7：7　② 7：8：7　③ 7：14：7　④ 7：8：15

　原子は陽子，電子および中性子からできています．電荷をみると，正電荷（+1）をもつ陽子の数は元素の原子番号と同じなので，窒素 N（原子番号 7）では正電荷が +7 です．また −1 の電荷をもつ電子が 7 個あるので，−7 の負電荷があり窒素原子は全体では（+7）+（−7）= 0 より電気的に中性です．なお，中性子には電荷がありません．

　同じ元素の原子でも中性子の数がちがう「同位体」という仲間がいます．中性子の数のちがいから同位体の質量に差があります．軽い ^{14}N と重い ^{15}N は互いに同位体で，天然の存在比はそれぞれ 99.64：0.36 です．原子番号（= 陽子数）はともに 7 ですが，^{15}N には中性子がひとつ多く 7 + 1 = 8 個あります．したがって，^{15}N は陽子：中性子：電子 = 7：8：7 となります．

　天然に存在する窒素の同位体は ^{14}N と ^{15}N だけですが，人工的につくる放射性同位体は 14 種類知られています．人工的につくられた不安定な放射性同位体のうち，もっとも寿命の長い ^{13}N の半減期は 9.965 分です．^{13}N は陽電子（e$^+$，ポジトロン）を放出します．これらの性質を活かして，^{13}N は核医学診断法のひとつとして，脳機能やがんを診断するポジトロン放出断層法（positron emission tomography；PET）に使われています．

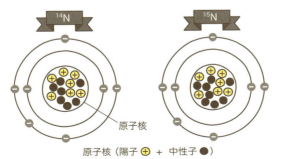

▲ ^{14}N と ^{15}N の原子の比較
^{15}N は中性子の数が 1 個多い．

（A ② 7：8：7）

Q04

ドイツ語の「悪魔の銅」に由来する名前をもつ元素は，どれでしょう？

① ニッケル　② コバルト　③ 亜鉛　④ マンガン

　ドイツ語の「悪魔の銅」とは Kupfernickel クッフェルニッケルという鉱石で，Kupfer クッフェルは銅，Nickel ニッケルは悪魔や妖精をさします．この鉱石，紅砒ニッケル鉱（NiAs, nickeline）が銅鉱石に似た赤褐色なのに銅がとり出せないのは，山の妖精のためだと 15 世紀の抗夫たちは考えたのです．実際，クッフェルニッケルはニッケル Ni とヒ素 As からなり，銅 Cu をふくまない鉱石でした．スウェーデンのアクセル・クローンステット（1722-1765）が 1751 年に別の鉱石から金属ニッケルを分離し，ニッケルと名づけました．クローンステットは，1734 年にコバルトを発見したイェオリ・ブラント（1694-1768）のもとで化学や鉱物学を学びましたので，師弟でコバルトとニッケルを発見したことになりますね．

　現在，生産されているニッケルの 65％がステンレス鋼の製造に使われ，20％は腐食しにくい非鉄合金や航空機材料として使われています．さらに 6％は，硬貨や携帯機器，くり返し充電できるニッケル水素電池などに利用されています．ニッケルは 100 円硬貨の素材である白銅（Cu 75％と Ni 25％の合金）の成分としてもおなじみです．動植物にとって，ニッケルは生命活動に欠かせない微量元素で，人体内には約 10 ミリグラムふくまれ，細胞内外のイオンバランス調整に役立っています．2018 年の金属ニッケルの価格は 1 グラムあたり約 15 円です．

◀ニッケルを発見したクローンステット

A ① ニッケル

Q05 動物の生命活動に必須であると最近わかったハロゲン元素は，どれでしょう？
① フッ素　② 塩素　③ 臭素　④ ヨウ素

　動物の身体をつくるタンパク質や核酸などの生体分子や水は，酸素 O，炭素 C，水素 H，窒素 N，カルシウム Ca，リン P の主要 6 元素で構成され，その総量は体重の約 96％を占めます．ここに 硫黄 S，カリウム K，ナトリウム Na，塩素 Cl，マグネシウム Mg の少量必須 5 元素を加えると，99.3％になります．さらに，鉄 Fe，フッ素 F，亜鉛 Zn，ヨウ素 I などの微量元素が生命維持には必要で，これまで総計 27 種類の必須元素が知られていました．

　2014 年にアメリカのバンデルビルト大学の研究者たちは，臭素 Br をふくまないエサでショウジョウバエを飼育すると死んでしまうことを見つけました．臭素はコラーゲンから身体の組織をつくる酵素の働きに必要であることがわかったのです．この発見によって 4 つのハロゲン元素，フッ素，塩素，臭素，ヨウ素は，どれも動物にとって必須元素となり，総計は 28 種類に増えました．私たちが透析や点滴を受ける場合に，ごく微量の臭素の補給が役に立つ可能性があります．

　単体の臭素 Br_2 は常温で暗赤色の液体（融点 –7.2 ℃，沸点 58.8 ℃）です．揮発性が高く，強い刺激臭がある毒物です．銀塩である臭化銀 AgBr に光をあてると，黒色になる性質があり，写真フィルムなどに使われています．タレントの写真をブロマイドとよぶのは，AgBr の臭素イオンに由来します．

ブロマイド写真

(A ③ 臭素)

LEVEL 2 Q06

原子核をとり囲む最初の電子の存在範囲は，原子核の大きさを1とすると，約何倍でしょう．

① 10倍　② 1000倍　③ 10万倍　④ 100万倍

イギリスのラザフォードは1911年に原子核の存在を確かめました．原子は半径がおよそ 10^{-8} センチメートルの粒で，中性子と陽子をもつ原子核が中心にあります．電子は陽子に引き寄せられて原子核のまわりに広がります．物理学によれば，原子核半径 r と質量数 A（陽子と中性子の数の和）は $r = 1.5 \times A^{1/3} \times 10^{-13}$ センチメートルの関係があります．

たとえば，炭素 ^{12}C では $A = 12$ なので $r = 3.4 \times 10^{-13}$ センチメートルとなり，原子核は原子全体のわずか0.005％の大きさしかありません．そのまわりを何層もの電子雲がとり囲んでいます．

炭素Cの原子核を半径1センチメートルに拡大すると，約290メートル先にようやく最初の電子雲が見えます．イメージとしては，半径120メートルの円の4分の1個分に相当する甲子園球場と，そのホームベースに置いた直径4ミリメートルの円（50円硬貨の穴）との関係を思い描けばわかりやすいでしょう．原子核周辺は思ったよりスカスカなのです．外野席あたりから，ようやく電子雲が広がります．

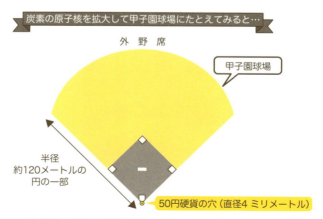

▲炭素の原子核が4ミリメートルの円だとすると，最初の電子雲が見えるのはようやく120メートル先

A ③ 10万倍

元素検定 LEVEL 2 ● 59

Q07 LEVEL2

「カルコゲン」とよばれる元素族にふくまれない元素は，どれでしょう？

① アンチモン　　② テルル　　③ 硫黄　　④ セレン

酸素 O，硫黄 S，セレン Se，テルル Te，ポロニウム Po など第 16 族の元素を総称して「カルコゲン」といいます（酸素はふくめないこともあります）．カルコゲン（chalcogen）は，ギリシャ語で造鉱石元素，すなわち「石をつくるもの」という意味です．接頭語 Chalco- は，ギリシャ語で chalkos，すなわち銅または黄銅をあらわします．硫黄，セレン，テルルが銅 Cu などの金属元素と化合物をつくり，いろいろな鉱石の主成分となっていることに由来すると考えられています．

カルコゲン類の基本的な性質

	酸素（O）	硫黄（S）	セレン（Se）	テルル（Te）	ポロニウム(Po)
原子番号	8	16	34	52	84
原子半径(pm)	60	104	115	143.2	167
共有結合半径(pm)	66	104	117	137	153
電気陰性度（Pauling）	3.44	2.58	2.55	2.10	2.00
密度（g/L）	1.429（気体0℃）	2.070（α）1.957（β）(固体)	4.790（固体）	6.236（固体）	9.320（固体）
融点（℃）	−218.4	112.8（α）119.0（β）	217	449.5	254
沸点（℃）	−182.96	444.7	684	989.8	962
空気中での安定性	常温では反応しない	常温では安定．高温では燃焼して SO_2 を生じる	加熱すると青白色の光を放って燃焼し，SeO_2 を生じる	常温では安定，高温では青色の炎をあげて燃焼し，TeO_2 を生じる	常温で表面に酸化皮膜を形成
水との反応性	反応しない	反応しない	反応しない	常温では不溶，熱水には溶けて H_2 を放出	反応しない
酸化物	−	SO_2, SO_3	SeO_2, SeO_3	TeO_2, TeO_3	PoO, PoO_2
塩化物	Cl_2O	S_2Cl_2, SCl_2, SCl_4	$SeCl_4$, $SeCl_6$	$TeCl_4$, $TeCl_6$	$PoCl_2$, $PoCl_4$
硫化物	SO_2, SO_3	−	−	TeS_2	PoS
おもな酸化数	0, −1, −2	+6, +4, 0, −2	+6, +4, −2	+6, +4, +2, −2	+6, +4, +2

▼ ① アンチモン

かつてメンデレーエフが「エカケイ素」とよび、光ファイバーの中心部の材料に使われている元素は、どれでしょう？

① テクネチウム　② ゲルマニウム　③ テルル　④ ヨウ素

ゲルマニウム Ge は 1885 年にドイツのクレメンス・アレクサンダー・ヴィンクラーによって銀鉱石アージロード鉱（硫銀ゲルマニウム鉱）Ag_8GeS_6 から単離され，「ドイツ」のラテン語名ゲルマニア（*Germania*）」にちなんで名づけられました．メンデレーエフが周期表を発表したとき，ケイ素 Si の真下にくる「エカケイ素」として予言していた元素です．

現在では半導体としておもにシリコンが使われていますが，かつてはゲルマニウムが電子産業の中心でした．1940 年代に開発されたトランジスタの原料として，純粋なゲルマニウムが使われていました．一方，二酸化ゲルマニウムは屈折率が大きく，光の分散が小さいため，広角用カメラレンズや顕微鏡のレンズなどの用途がありました．最近では，二酸化ゲルマニウムは光ファイバーの材料として適していることがわかっています．

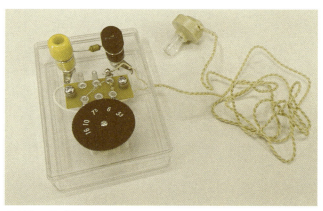

▲ゲルマラジオ
以前はゲルマニウムダイオードを使った「ゲルマラジオ」がつくられていました．「電池を使わずにラジオが聴ける」鉱石ラジオの工作は，科学工作の定番でした．

元素検定 LEVEL 2　61

元素の化学的性質を決めている要素は、どれでしょう？
① 中性子の数　② 最外殻電子の数　③ 質量数
④ 原子番号

化学的性質とは、ほかの物質と反応して、性質の異なる新しい物質に変化する性質をいいます。たとえば、鉄 Fe と酸素 O_2 が反応して酸化鉄（さび）ができるといった性質のことです。すなわち、ほかの原子と結合したり、結合を組み替えたりする性質を意味します。原子どうしの結合はおもに電子によってつくられますが、結合をつくることができる電子は、最外殻電子のみです（結合をつくることができる電子を価電子といいます）。つまり、最外殻電子が元素の化学的性質を決めているといってもよいでしょう。

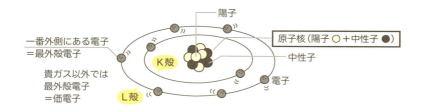

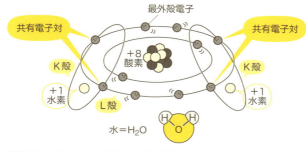

▲酸素原子（上）と水（下）の最外殻電子

A ② 最外殻電子の数

Q10 生物にとって必須ではない元素は，どれでしょう？
① クロム　② コバルト　③ テルル　④ モリブデン

　私たち人間をふくめ，生物はすべて元素でできています．おもに酸素 O や炭素 C，水素 H や窒素 N など，多量にふくまれる元素（＝多量元素）から，リン P や硫黄 S などの少量元素，亜鉛 Zn などのようにふくまれる量が 1%未満の微量元素，さらに 0.01%未満の超微量元素まで，かなりの種類の元素が複雑に組み合わさって生体を構成しています．なかでも，ある程度の量は必ず存在しなくてはなりませんが，足りなくても多すぎても健康に問題を引き起こすような元素を，「必須元素」といいます．これらは，足りなくなると欠乏症状を起こし，最悪の場合は死に至ることがあります．また，多くありすぎると今度は中毒を起こし，これも最悪のケースでは死に至ります．つまり，生体にとってちょうどよい量（＝至適濃度）があるというわけです．これは元素によって，範囲の狭いものと広いものとがあります．

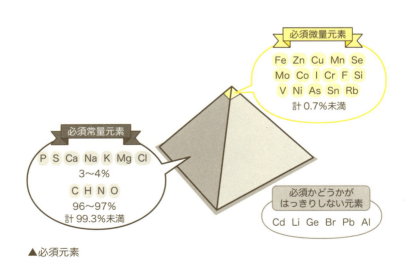

▲必須元素

【A ③ テルル】

元素検定 LEVEL 2 63

熱に強い「パイレックス® ガラス」は，石英ガラスに何を加えるとできるでしょう？
① 酸化アルミニウム　② 酸化銅　③ 酸化ホウ素　④ 酸化鉄

食器や窓，鏡，美術品など，身のまわりにあるガラスは，酸素 O とケイ素 Si を主成分とする，古くから知られている物質です．なかでも，パイレックス® に代表される「ホウケイ酸ガラス」は酸化ケイ素が主原料で，これに酸化ホウ素（ホウ酸）などを加えることで，硬度を高めています．一般的な酸などの薬品を加えても腐食せず，化学的にも安定で，また急加熱や急冷却にも耐えられるので，理科や化学の実験用のガラスとして非常に優れ，よく使われています．

耐熱性や耐化学性をもつガラスの研究は，ドイツのフリードリッヒ・オットー・ショット（1851-1935）によって 1887 年ころからはじめられました．「ホウケイ酸ガラス」からつくられたガラス製品は「イエナガラス」とよばれ，現在もヨーロッパで販売されています．一方，アメリカのガラスメーカー，コーニング社は，1915 年にホウケイ酸ガラスからつくられた製品を「パイレックス®」とよんで販売し，英語圏で広まりました．しかし，ホウケイ酸ガラスからつくられている製品はヨーロッパ圏に限られ，アメリカでは安価なソーダ石灰ガラスが販売されています．

ソーダ石灰ガラスは，ケイ酸イオンに Na⁺ と Ca²⁺ が入った構造をしています．「パイレックス®」の名前は，ギリシャ語の「火（Pyr）」とラテン語の「王様（ex）」を組み合わせた「ガラスの王様」という意味に由来すると伝えられています．

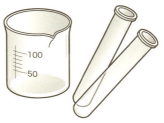

▲耐熱ガラス製品

A ③ 酸化ホウ素

包装用フィルムなどに用いる「テフロン™」はポリエチレンの水素原子を，どの原子に置きかえるとできるでしょう？

① テルル　② 塩素　③ フッ素　④ ロジウム

「テフロン™」は，1938年に，デュポン社のロイ・プランケット（1910-1994）により発見され，デュポン社から製品化されました．炭素原子Cとフッ素原子Fが約1：2の比でふくまれる樹脂で，本来の名前は「四フッ化エチレン樹脂」または「ポリテトラフルオロエチレン（PTFE）」といいます．この名前からわかるとおり，ポリエチレン（炭素原子，水素原子Hの比が1：2）の，水素原子をフッ素原子で置き換えた構造をしています．

テフロン™は，ものがくっつきにくく，また−196〜260℃の幅広い温度変化に耐えられる特性があるため，フライパン表面や電気炊飯器の内窯のコーティングをはじめ，さまざまなものに使われています．

ポリテトラフルオロエチレンは，アメリカの原子爆弾開発および製造のために，科学者や技術者を総動員した計画（マンハッタン計画）で注目されました．核燃料製造の過程で使用される六フッ化ウランは強い腐食作用があるため，取り扱いにたいへん危険がありましたが，実験や製造に使う設備や材料にポリテトラフルオロエチレンを使用すると，安全に取り扱うことが可能となり，原子爆弾の開発に大きな役割を果たしました．

▲テフロン™でコーティングされたフライパン　▲ポリテトラフルオロエチレン（PTFE）の構造

LEVEL2 Q13 これまでに発見された同位体の数は，いくつあるでしょう？

① 約1000個　② 約2000個　③ 約3000個　④ 約4000個

原子の中心部にある原子核は，陽子と中性子からできています．陽子の数は原子番号に相当し，陽子の数によって元素が決まります．陽子の数が等しく同じ元素であるにもかかわらず，中性子の数が異なっている場合があります．これを同位体といいます．下に示した核図表とは，縦軸に陽子の数をとり，横軸に中性子の数をとって，同位体を分類したものです．

図の中央を右上に向かって伸びる黒いラインは，原子核が安定な同位体をあらわし，約270種あります．そのまわりにはアルファ粒子やベータ線を放出して壊変（崩壊）する，不安定な放射性同位体（ラジオアイソトープ）があります．これまでに人類は，加速器や原子炉などを利用し，約3000種類の同位体を発見してきました．ある理論計算では，約10,000種類もの同位体が存在すると予測されています．

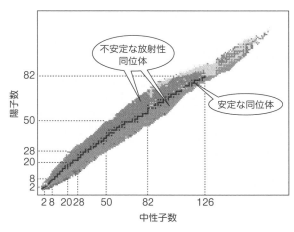

▲核図表

【A ③ 約3000個】

LEVEL 2 Q14

元素名がドイツの地名に由来しない元素は，どれでしょう？
① ゲルマニウム　② ドブニウム　③ ハッシウム
④ ダームスタチウム

現在 118 種知られている元素のうち，発見がドイツに由来するものは 20 もあります．このうち，ゲルマニウム Ge，ハッシウム Hs，ダームスタチウム Ds の 3 元素は，ドイツの地名に由来しています．ゲルマニウムは発見者のクレメンス・ヴィンクラー（1838-1904）の母国であるドイツの古名，ラテン語の *Germania* に由来しています．ハッシウムは，発見されたドイツの重イオン科学研究所があるヘッセン州のラテン語名 *Hassia* に，ダームスタチウムは同研究所がある都市ダルムシュタット Darmstadt に由来します．

ちなみに，ドイツのワルター・ノダック（1893-1960）らによって発見されたレニウム Re は，ドイツを流れるライン川のラテン語名 *Rhenus* に由来します．問題の選択肢にあるドブニウム Db は，発見されたロシアの合同原子核研究所があるドゥブナ Dubna という町からきています．

▲ドイツの地名にゆかりのある元素

A ② ドブニウム

Q15 ハロゲンのうち，もっとも重い元素は，どれでしょう？
① フッ素　② 塩素　③ ヨウ素　④ テネシン

周期表で第17族の元素を総称して，ハロゲンといいます．上からフッ素 F，塩素 Cl，臭素 Br，ヨウ素 I，アスタチン At，テネシン Ts の6元素が縦にならんでいます．もっとも重いハロゲンは原子番号117のテネシンです．

2010年，ロシアの合同原子核研究所のユーリ・オガネシアンらが，原子番号97のバークリウム249（^{249}Bk）と原子番号20のカルシウム48（^{48}Ca）の原子核を衝突させる核融合反応によって，質量数が293と294の117番元素の同位体を人工的につくり出しました．元素名テネシンは，発見者の研究所や大学があるアメリカのテネシー州にちなんでいます．ハロゲンの原子は，電子を1個受け取ると安定な貴ガスの電子配置になります．1価の陰イオンになりやすく，非常に化学反応性に富んでいます．テネシンの物理化学的な性質はまだわかっていません．

▲元素周期表
第17族元素をハロゲンとよぶ．

A ④ テネシン

68 ●元素検定

サイクロトロンの発明者の名前がつけられた元素は，どれでしょう？
① キュリウム　　② ローレンシウム　　③ シーボーギウム
④ フレロビウム

1961年，アメリカのアルバート・ギオルソ（1915-2010）らは，カリホルニウムCfの原子核にホウ素Bの原子核を衝突させ，原子番号103の新しい元素をつくり出しました．正電荷をもつ原子核どうしを衝突・融合させるためには，静電反発力に打ち勝って互いの原子核が接触するまでホウ素の原子核を高エネルギーにする必要があります．ギオルソらは，カリフォルニア大学バークレー校のサイクロトロンを使ってホウ素イオンを加速しました．

　サイクロトロンは，磁場によってイオンを円運動させながら，一定周波数の高周波電場によって周期的に繰り返しイオンを加速する装置です．この装置は，1930年にアーネスト・ローレンス（1901-1958）が考案しました．103番元素ローレンシウムLrの名前は，このローレンスにちなんでいます．彼はサイクロトロンの発明や人工放射性元素の発見などの業績で，1939年にノーベル物理学賞を受賞しています．

▲サイクロトロンの発明者ローレンス

▲1937年に建設された理化学研究所の第1号サイクロトロンの写真
（理化学研究所提供）

元素検定 LEVEL 2 69

LEVEL 2 Q17

原子核を発見した物理学者の名前がついた元素は，どれでしょう？

① ノーベリウム　　② ラザホージウム
③ シーボーギウム　　④ マイトネリウム

1904年，長岡半太郎（1865-1950）は中心に正の電荷をもつ何かがあり，その周囲を電子が回っているという原子模型を提案しました．1909年，ハンス・ガイガー（1882-1945）とアーネスト・マースデン（1889-1970）は，イギリスのアーネスト・ラザフォード（1871-1937）の指導のもと，放射性ラジウムRaのアルファ壊変に伴って放出されるアルファ粒子を薄い金箔に衝突させる実験をおこないました．すると，8000回に1回という非常に小さな確率で，大きな角度でアルファ粒子が散乱される現象を観測しました．ラザフォードはこの興味深い現象を解析し，原子のなかに正の電荷を帯び，10^{-14}メートルよりも小さい原子核が存在することをつきとめました．

104番元素のラザホージウムRfの名称は，このラザフォードにちなんでいます．彼は元素の壊変と放射性物質の化学の研究で，1908年にノーベル化学賞を受賞しました．

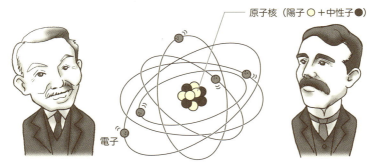

▲長岡およびラザフォードの原子模型

A ② ラザホージウム

Q18 ロシアの州の名前にちなんで名づけられた元素の元素記号は，どれでしょう？

① Mc   ② Mo   ③ Md   ④ Mt

2004年，ユーリ・オガネシアンが率いるロシアの合同原子核研究所とアメリカのローレンス・リバモア国立研究所の共同研究グループは，原子番号 95 のアメリシウム 243（^{243}Am）に原子番号 20 のカルシウム 48（^{48}Ca）を照射し，質量数 287 と 288 の 115 番元素をそれぞれ 1 原子，3 原子を合成しました．2012 年と 2013 年には，質量数 289 の別の同位体をそれぞれ 1 原子，4 原子合成しました．

2015 年 12 月 30 日，国際純正・応用化学連合（IUPAC）は，115 番元素の発見の優先権が，ロシアとアメリカの共同研究グループにあると発表しました．そして 2016 年 11 月 28 日，IUPAC は，オガネシアンらが提案した元素名モスコビウムと元素記号 Mc を承認しました．元素名のモスコビウムは，ロシアの合同原子核研究所の本部があるロシアのモスクワ州にちなんでいます．Mo はモリブデン，Md はメンデレビウム，Mt はマイトネリウムです．

▲ロシアの地図

元素検定 LEVEL 2

Q19 書き換え可能な CD や DVD に使われている元素は，どれでしょう？

① セレン　② ケイ素　③ インジウム　④ テルル

DVD の記録層はゲルマニウム Ge，アンチモン Sb，ビスマス Bi，テルル Te などを主成分とする化合物が使われています．記録層に，レーザーを強度と時間を制御して照射することで，この化合物の状態を結晶状態から非結晶（アモルファス）状態，あるいはその逆に "相*" 変化させることができます．アモルファスの部分に，中程度の強さのレーザーを絞って照射し，融点に達しない範囲で高温にすると，その部分が結晶化し，アモルファスの部分よりも反射率があがります．これを記録ビットとして使っているのです．逆に，結晶化した部分に強いレーザーを照射して融点以上にして，レーザーを切るとアモルファス状態に戻ります．このアモルファスと結晶の状態を可逆的に繰り返すことで，記録と消去をしていきます．

　一度しか書き込みができない CD-R や DVD-R は，有機色素の記録層の上にアルミニウムなどの金属反射層を積層した構造です．レーザー光で金属層の反射率を変えると，元には戻りません．

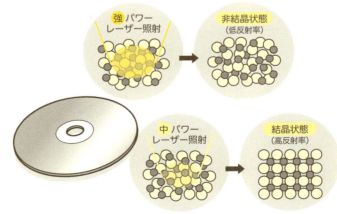

▲レーザーをあてたときに結晶が変化する様子

相：化学的組成と物理的な状態が均一な物質系の実体．

Q20 鉄と合金にすると硬さや強さが増すため，工具などに使われている元素は，どれでしょう？

① ニオブ　② ニッケル　③ バナジウム　④ モリブデン

バナジウム V を 0.1％程度添加した鉄鋼では，バナジウムが鉄鋼中の炭素 C と結合し，炭化バナジウムとなった結晶粒子の細かい組織構造になり，粘り強さを損なうことなく強度が増し，機械的性質や耐熱性が向上します．引っ張り強さの高い「高抗張力鋼」として，高層ビルの構造建材や橋梁，列車，パイプライン，タンク，船舶などに使われています．また，バナジウムをふくむ砂鉄を原料としてつくられた日本刀は切れ味がよいといわれています．さらに，クロム Cr を一緒に添加したクロム-バナジウム鋼は耐摩耗性を重視するドライバーなどの工具に使われています．ドリルなどの切削工具に使われる高速度鋼は高温下での硬さや耐軟化性を高めるために，鋼にバナジウム，クロム，タングステン W，モリブデン Mo といった金属成分を多量に添加したもので，焼入れなどの熱処理を施したあと，研磨によって成形してつくられます．

ほかにも，バナジウムを数％ふくむチタン Ti およびアルミニウム Al との合金は，強度や耐食性に優れているため，航空機のエンジンや化学工場の反応容器などに用いられています．

▲バナジウム合金でつくられた工具

元素検定 LEVEL 2 ● 73

Q21 強力な光量が必要なスポーツ競技場で使われるメタルハライドランプに使われている元素は，どれでしょう？
① ストロンチウム　② バリウム　③ リチウム
④ スカンジウム

メタルハライドランプとはハロゲン化金属と水銀 Hg との混合気体をアーク放電で発光させると，とても明るくて省エネルギーな光が得られる高輝度放電ランプ（HID ランプ）のことです．このハロゲン化金属として，ヨウ化スカンジウムやヨウ化ナトリウムが使われています．太陽光と色温度が近く，自然光に似ているため，スポーツ競技場やスタジオ照明に広く利用されていますが，最近では高輝度 LED に取り替えられるケースもあります．

ほかの用途として面白いのは，爬虫類などの飼育です．爬虫類は，体温の維持と紫外線によりビタミン D_3 を活性化し，カルシウム Ca の代謝を促進するために，日光浴が必要です．屋内で飼育する場合，紫外線灯と赤外線灯の両方が必要でしたが，メタルハライドランプはひとつのランプで十分なことから，爬虫類ファンのあいだではよく使われています．また，イカ漁の漁船の集魚灯やプラネタリウムの光源，観賞魚の水槽の照明などでも使われています．

▲メタルハライドランプで爬虫類を飼育する

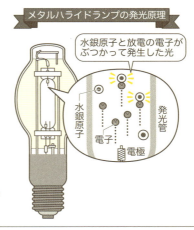
メタルハライドランプの発光原理

色温度：光源が発する光の色を黒体が放射する光の色と対応させ，そのときの黒体の温度を色温度とする．単位には絶対温度 K（ケルビン）を用いる．

A ④ スカンジウム

Q22

古代の岩石の年代測定に利用される元素は，どれでしょう？

① 鉄　　② ルビジウム　　③ カルシウム　　④ ナトリウム

放射性の核種*（親核種）が壊変して壊変生成物（娘核種）に変化していくとき，その割合は時間とともに変わります．放射能による年代測定法にはいろいろな種類の方法がありますが，月の岩石の年代測定に用いられたのはルビジウム-ストロンチウム法（Rb-Sr法）です．放射性の親核種ルビジウム87（^{87}Rb）は488億年という長い半減期でベータマイナス壊変（電子の放出）して，安定な娘核種ストロンチウム87（^{87}Sr）に変わります．岩石中にはこの崩壊に関係しない安定同位体であるストロンチウム86（^{86}Sr）も存在していて，それに対する親核種と娘核種の比を質量分析計で測定します．鉱物の種類によってそのなかにふくまれる^{87}Rbと^{86}Srの比は異なりますが，^{87}Sr/^{86}Srと^{87}Rb/^{86}Srの関係をグラフにすると1本の直線上に並び，その傾きからその岩石ができてからの時間を求めることができます．

この方法により，太陽系が45億年前にできたことがわかりました．

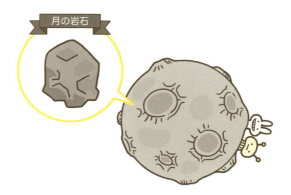

月の岩石

核種：原子核のなかの，陽子と中性子の数，およびエネルギー準位によって決まる，ある特定の原子の種類のこと．

A. ② ルビジウム

元素検定 LEVEL 2 ● 75

Q23
自動車の非常に明るいヘッドライトに使われている元素は，どれでしょう？
① キセノン　　② ネオン　　③ アルゴン　　④ ヘリウム

キセノンガスをアーク放電で励起して発光させる放電ランプがキセノンランプです．とても明るく，紫外域から可視域までの連続的なスペクトルと近赤外部の強力な線スペクトルからなります．可視域は色温度が6000ケルビンで，自然昼光に近い分布になります．キセノンランプには，おもにショートアークランプ，ロングアークランプ，フラッシュランプの3種類があります．

ショートアークランプはキセノンガスを封入した石英ガラス管に数ミリ間隔で陽極と陰極を取りつけ，直流で点灯させます．高輝度で自然昼光色に近く，白色光源や映写機，印刷製版，ソーラーシミュレータなどに使用されています．

ロングアークランプはキセノンガスを封入した長い石英ガラス管の両端に電極が封入してあり，交流で点灯させるものです．高輝度で，印刷製版や投光照明などに使われています．

フラッシュランプは写真撮影，航空機の誘導灯，半導体ウエハ*の表面加熱などに使われます．

▲キセノンランプの使い道

半導体ウエハ：シリコンやガリウムヒ素などの半導体結晶を薄くスライスした板．このウエハの上に集積回路がつくられる．

A ① キセノン

Q24

磁気共鳴画像（MRI）検査の造影剤に使われるランタノイドは，どれでしょう？
① ガドリニウム　② ユウロピウム　③ テルビウム
④ ランタン

　ランタン La からルテチウム Lu までの 15 種類の元素はランタノイドとよばれ，f 軌道に電子をもちます（ランタンではゼロ）．f 軌道は原子核に近く，狭い空間に閉じ込められているため，電子の磁石としての性質（磁気モーメント）が強く現れてきます．そのなかでも 4f 軌道の半分を電子が埋めるガドリニウム Gd は磁気モーメントがもっとも大きくなります．

　さて，磁気共鳴画像診断（MRI）検査では水分子につく水素原子核がもつミクロな磁石としての性質を使います．強い磁場をかけると水素原子の磁気モーメントは磁場の方向のまわりにコマのように歳差運動をします．この運動の周期と一致する電磁波（ラジオ波の波長）を照射すると，そのエネルギーを吸収して，コマの軸が磁場方向から大きく倒れて回転するようになります．これを核磁気共鳴（NMR）とよびます．電磁波を切ると，エネルギーを電磁波として放出し，コマの軸は再び磁場方向に戻っていきます．この磁気モーメントの方向が元に戻っていく過程を磁気緩和とよびます．正常組織とがんなどがある組織とでは，水分子の陽子のまわりの環境が違い，電磁波の放出のされ方が変わります．体内の水の分布を画像化するのが MRI 検査です．

　ここで，大きな磁気モーメントをもつガドリニウムは，磁気緩和を短縮する働きがあり，体内に注入することで磁気緩和強調画像を明瞭にします．

▲磁気共鳴画像診断（MRI）検査

（A ① ガドリニウム）

元素検定 LEVEL 2　77

Q25

乾電池の正極には，ある元素の酸化物が使われています．どれでしょう？

① マンガン　② 亜鉛　③ 銅　④ 鉛

　乾電池とは使いきりの電池のことで，「一次電池」といいます．これに対して，充電して繰り返して使える電池は「二次電池」です．一次電池には，マンガン電池，アルカリ電池，リチウム電池などがあります．マンガン電池の仕組みは，イラストを見てください．真ん中に炭素棒があり，周りを二酸化マンガン，塩化アンモニムと黒鉛からできている正極で囲まれています．正極は，外側を負極となる亜鉛 Zn の缶でつつまれています．乾電池は基本的に，正極は二酸化マンガンでできています．

　銅 Cu と亜鉛を電極板として希硫酸や食塩液に浸した電池は，1800 年にイタリアのアレッサンドロ・ボルタ（1745-1827）が発明しました．もち運びができる簡単な電池はありませんでしたが，1885 年に，時計職人の屋井先蔵（1863〜1929）は世界ではじめて「乾電池」をつくりました．屋井は 23 歳のとき，電池で動く時計を発明しました．当時，ダニエル電池*を用いていましたが，手入れが必要であり，冬には電池に使う電解液が凍ってしまい，使えなくなりました．これらの問題を解決するために，新しい乾電池を発明したのです．

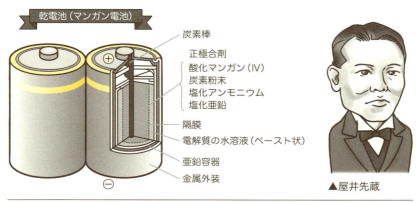

▲屋井先蔵

ダニエル電池：容器中に素焼き板を入れ，正極側に硫酸銅溶液を，負極側に硫酸亜鉛溶液を用い，起電力の変化が少なく，気体を発生しない電池．

A ① （マンガン）

Q26 元素の名前にちなんで国名がつけられた国は，どれでしょう？

① フランス　② ポーランド　③ ドイツ　④ アルゼンチン

1516年，スペインのファン・ディアス・デ・ソリス探検隊が最初のヨーロッパ人として南米大陸に上陸しました．アルゼンチンとウルグアイのあいだを流れる巨大なリオ・デ・ラ・プラタ（スペイン語で銀の川の意味）川の河口にたどりついたとき，その地のインディオから交換品として，銀を受け取りました．そのため，この地には美しい銀があると考えたようで，1524年ころより，この川はスペイン語でラ・プラタ川（Plata＝銀，ラは女性定冠詞）とよばれるようになりました．このため，アルゼンチンは長いあいだリオ・デ・ラ・プラタ連合州とよばれていました（スペインの植民地）．1853年になって，ラテン語で銀を意味する *Argentum* に女性縮小辞を添えてアルゼンチン Argentina（アルヘンティーナ）に変更されました．

銀の元素記号 Ag は，ギリシャ語の argyros「輝く」や「明るい」によります．英語名の silver は，アングロサクソンの古代語 siolful に由来すると考えられています．

現在，銀を産出するおもな国は，メキシコ，ペルー，中国，オーストラリア，ロシア，チリなどで，アルゼンチンは第10位です．

▲アルゼンチンの地図

A ④ アルゼンチン

LEVEL2 Q27 美しく輝くダイヤモンドを燃やすと、何になるでしょう？

① 炭素　② 二酸化窒素　③ 二酸化炭素　④ 水

ダイヤモンドは木炭や黒鉛（グラファイト）とともに炭素の同素体であることは、よく知られています。木炭を燃やしても、高価なダイヤモンドを燃やす人はいないでしょう。化学がまだ十分に進歩していない時代の人びとは、ダイヤモンドは何からできているだろうと真剣に考えました。19世紀のはじめ、ナトリウムNa、カリウムK、カルシウムCa、マグネシウムMgなどを発見したイギリスのハンフリー・デービーは、イタリアのフィレンツェで大きな集光器を使って、ダイヤモンドを燃やす公開実験をしました。ダイヤモンドが燃えることは、すでにフランスのアントワーヌ・ラボアジェが知っていましたが、デービーはダイヤモンドが木炭と同じ元素であると認めることをためらっていました。マイケル・ファラデー（1791-1867）を助手にして実験し、ダイヤモンドが燃えて二酸化炭素になって消えてしまうことにようやく納得しました。

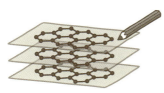
グラファイト（黒鉛）

ダイヤモンド

▲黒鉛（グラファイト）とダイヤモンドの原石およびそれぞれの結晶構造

▲ダイヤモンドを燃やす実験風景

A ③ 二酸化炭素

Q28

メンデレーエフが「エカテルル」とよび、キュリー夫妻により発見された元素は、どれでしょう？

① ラジウム　② ポロニウム　③ ラドン　④ キュリウム

ロシアのメンデレーエフは、1869 年に「元素周期表」を発表しました。翌年、「重い金属のなかに、原子量がビスマス Bi よりも大きいテルル Te に似た元素を見いだすことが期待される」と新元素の存在を予言しました。19 年後、メンデレーエフはその未知の元素を「エカテルル」とよび、原子量が 212 であるなど、いくつかの性質を追加しました。

28 年たった 1898 年、フランスでキュリー夫妻は放射線の計測技術を使って天然に存在する放射性元素を発見し、マリーの生まれた国ポーランドにちなんでポロニウム Po と名づけました。しかし、ポロニウムが周期表の位置を得るまでには 1912 年まで待たなくてはなりませんでした。ビスマス Bi とのちがいがはっきりせず、原子量を正確に決められなかったからです。純粋な金属ポロニウムは 1946 年に合成されています。メンデレーエフの予言から 76 年もたっていました。

ポロニウムは自然界にはピッチブレンド（閃ウラン鉱）にごくわずか（ウランの 100 億分の 1 ほど）しか存在しない希少元素のひとつです。自然界から得ることができないため、現在では、^{209}Bi に中性子をあてて中性子捕獲により ^{210}Bi となった原子がベータ壊変して ^{210}Po となる反応を利用して ^{210}Po がつくられています（反応式は p.184 を参照）。

▲ピエールとマリー・キュリー夫妻

メンデレーエフの予言

A ② ポロニウム

元素検定 LEVEL 2 ● 81

Q29 水素はH，炭素はCなど，元素記号をアルファベットであらわすよう提案したのは，だれでしょう？
① ドルトン　② ラボアジェ　③ メンデレーエフ
④ ベルセーリウス

科学者は昔から，新しい現象や考え方を整理するために数式や記号を使ってきました．化学の分野でも，原子や化合物が発見されると，それらを整理する方法が考えられました．フランスのラボアジェは33種類の元素や化合物をまとめた表をつくりました．一方，イギリスのジョン・ドルトン（1766-1844）は元素記号を考案して，それを用いて化合物の構造を説明しました．しかし，彼の提案した記号では，それぞれに特別な記号をつくらねばならず，またそれらを記憶するのは難しい…．そこで，スウェーデンのイェンス・ヤコブ・ベルセーリウス（1779-1848）は，1814年に元素をアルファベットであらわすことを提案しました．たとえば，酸素OxygenはO，水素HydrogenはHであらわしました．元素をアルファベットであらわす方法は簡便で覚えやすいため，多くの人びとに受け入れられました．ベルセーリウスの提案が，現在の元素記号の基礎となったのです．

元素名 （日本語）	元素名 （ラテン語）	元素記号	元素名の由来
塩素	*chlorium*	Cl	ギリシャ語の淡緑色
カドミウム	*cadmium*	Cd	ギリシャ語の土
カルシウム	*calcium*	Ca	ラテン語の石灰
クロム	*chromium*	Cr	ギリシャ語の色
コバルト	*cobalt*	Co	ギリシャ語の魔物
セリウム	*cerium*	Ce	小惑星セレス
炭素	*carbonium*	C	ラテン語の炭
銅	*cuprum*	Cu	地中海のキプロス島

▲ベルセーリウスと元素記号表（一部）

A ④ ベルセーリウス

LEVEL2 Q30

元素記号とその名前の組合せでまちがっているのは，どれでしょう？

① Sn－スズ　　② Sb－ストロンチウム
③ Cf－カリホルニウム　　④ Nh－ニホニウム

元素記号から日本語や英語の名前，あるいはその逆をまちがいなく言い当てるのは，ときにむずかしいことがあります．問題のなかで，まちがっているのは②です．Sbはアンチモンで，ストロンチウムの元素記号はSrです．

アンチモンは古代から知られていた元素ですが，実際はその硫化物をさしていました．アンチモンという言葉は，ギリシャ語の「自然には単独で存在しない」という意味から，アンチ＋モノスを組み合わせてつくられたと推定されています．また元素記号のSbは，古代ギリシャやアラビアの女性たちが使っていた眉墨（スティビック石＝硫化アンチモン）を当時stibiとかstimmiとよんでいたことから，ラテン語のstibiumに由来するといわれています．硫化アンチモンを主成分とする鉱物は輝安鉱です．愛媛県の市ノ川鉱山では，かつて大型で美しい輝安鉱が産出しました．

▲古代の女性の眉墨

▲輝安鉱
愛媛県市ノ川鉱山の柱状鉱石は，世界的によく知られている．

LEVEL 3

回答欄

LEVEL3 Q01

水銀との合金の凝固点が約 –60℃と低く，極低温用温度計に使われる元素は，どれでしょう？

① イリジウム　② タリウム　③ 鉛　④ ビスマス

LEVEL3 Q02

化石や古代遺跡の年代測定に使われる元素は，どれでしょう？

① 炭素　② 酸素　③ 窒素　④ 硫黄

LEVEL3 Q03

ガス漏れに気づくためのにおいつけ物質にふくまれる元素は，どれでしょう？

① 硫黄　② 酸素　③ 窒素　④ 塩素

LEVEL3 Q04

元素を組み合わせて調べた地球の年齢に近いものは，どれでしょう？

① 55 億年　② 45 億年　③ 35 億年　④ 25 億年

LEVEL3 Q05

1960 年から 23 年間，長さの基本単位の定義に使われた元素は，どれでしょう？

① ネオン　② アルゴン　③ クリプトン　④ キセノン

LEVEL3 Q06

窒素をアンモニアに変える方法を発見した人は，だれでしょう？

① フェルミ　② ドルトン　③ ラムゼー　④ ハーバー

LEVEL3 Q07

フッ素ともっとも強く結合する元素は，どれでしょう？

① 窒素　② 炭素　③ ケイ素　④ 硫黄

LEVEL3 Q08

リンをふくむ割合がもっとも多いものは，どれでしょう？

① 鉛筆　② 石鹸　③ マッチ　④ ライター

LEVEL3 Q09

スウェーデンのシェーレは黄緑色の気体を発見しましたが，元素であることに気づかず発見者になれませんでした. どの元素でしょう？

① フッ素　② 塩素　③ 臭素　④ ヨウ素

LEVEL3 Q10

日本人ではじめて原子の姿を太陽系型原子モデルで提案したのは，だれでしょう？

① 湯川秀樹　② 寺田寅彦　③ 長岡半太郎　④ 小川正孝

元素検定 LEVEL 3 ● 85

回答欄

Q11 さまざまなアルコールやカルボン酸をつくるときに使われる
グリニャール反応剤にふくまれる元素は，どれでしょう？
① パラジウム　② リチウム　③ マグネシウム　④ カルシウム

Q12 長寿命の電池や黄色い顔料をつくるために利用されている元
素は，どれでしょう？
① マンガン　　② 亜鉛　　③ カドミウム　　④ 水銀

Q13 アルファ粒子によるがん治療が期待されている元素は，どれ
でしょう？
① テクネチウム　② プロメチウム　③ アスタチン　④ ハッシウム

Q14 1952年におこなわれた世界初の水爆実験の灰から発見された元素は，どれでしょう？
① テクネチウムとアクチニウム　② ウランとプルトニウム
③ アインスタイニウムとフェルミウム　④ ノーベリウムとローレンシウム

Q15 メンデレーエフが1869年に提案した元素周期表で，存在が
予言された元素は，どれでしょう？
① ナトリウム　　② ガリウム　　③ 鉄　　④ 銀

Q16 電気陰性度がもっとも低い元素は，どれでしょう？
① リチウム　　② アルゴン　　③ 金　　④ フランシウム

Q17 国際キログラム原器の材料に使われていた合金は，白金とど
の元素からなるでしょう？
① イリジウム　　② ロジウム　　③ パラジウム　　④ ルテニウム

Q18 人工的につくられた元素の数は，いくつでしょう？
① 9　　② 19　　③ 29　　④ 39

Q19 油井を掘削するとき，ドリルで穴を空けながら岩石のくずを浮き上がらせ
て取り除くために加えられる化合物にふくまれる元素は，どれでしょう？
① 鉛　　② モリブデン　　③ バリウム　　④ ビスマス

Q20 ライターの発火石は鉄とミッシュメタルの合金です．ミッ
シュメタルの成分になる元素は，どれでしょう？
① チタン　　② ランタン　　③ タングステン　　④ ジルコニウム

86 ●元素検定

回答欄

LEVEL3 Q21
ランタノイドは，地球には少ないと考えられましたが，なかには銅と同じくらい豊富に存在する元素もあります．どの元素でしょう？
① ガドリニウム　　② ネオジム　　③ プラセオジム　　④ セリウム

LEVEL3 Q22
自然放射線のおもな原因となっている元素は，どれでしょう？
① カリウム　　② マグネシウム　　③ ナトリウム　　④ 塩素

LEVEL3 Q23
金, 銀, 銅の色など, 金属の色を決めているのは, どれでしょう？
① 可視光領域での光の透過率　　② 可視光領域での光の反射率
③ 紫外線領域での光の反射率　　④ 赤外線領域での光の反射率

LEVEL3 Q24
強力なレーザーに使われる酸化物の結晶成分の組合せは，どれでしょう？
① ランタン-チタン　　② イットリウム-アルミニウム
③ スカンジウム-ジルコニウム　　④ イットリウム-ジルコニウム

LEVEL3 Q25
鉄鋼材に高張力や軽量化をもたらすために加えられる元素は，どれでしょう？
① ニオブ　　② バナジウム　　③ タンタル　　④ ジルコニウム

LEVEL3 Q26
人工関節や歯のインプラントなどに用いられている，免疫反応を起こしにくい元素は，どれでしょう？
① 鉛　　② ケイ素　　③ チタン　　④ アルミニウム

LEVEL3 Q27
誘電率が高いため，小型で大容量のコンデンサをつくるのに欠かせない元素は，どれでしょう？
① 鉛　　② 鉄　　③ 銅　　④ タンタル

LEVEL3 Q28
地球の上空にあるオゾンは, どの組合せでつくられているでしょう？
① 二酸化炭素と可視光線　　② 二酸化炭素と紫外線
③ 酸素分子と紫外線　　④ 酸素分子と可視光線

LEVEL3 Q29
25℃の室温では白色の固体ですが，13℃以下になると灰色となりもろくなる元素は，どれでしょう？
① アルミニウム　　② スズ　　③ ゲルマニウム　　④ ケイ素

LEVEL3 Q30
ニールス・ボーアが存在を予測し，ボーア研究所のコスターとヘベシーが 1923 年に発見した元素は，どれでしょう？
① ボーリウム　　② ラザホージウム　　③ バークリウム　　④ ハフニウム

元素検定 LEVEL 3 ● 87

水銀との合金の凝固点が約 –60℃と低く，極低温用温度計に使われる元素は，どれでしょう？
① イリジウム　　② タリウム　　③ 鉛　　④ ビスマス

水銀 Hg は液体の金属で，常温でほかの金属を溶かしこむ性質があります．できた合金をアマルガム（amalgam，ギリシャ語で柔らかいもの）といいます．純粋な水銀は –39℃で固まりますが，タリウム Tl とのアマルガムは –60℃まで固まらないので，極寒地での気象観測に使う温度計などに採用されています．

一般に，液体の温度を下げると分子の熱運動が活発でなくなり，分子どうしが凝集して固体になります．この温度を凝固点といい，それぞれの物質には固有の温度があります．ちなみに，水が氷になる温度は 0℃です．しかし純粋な液体に不純物が混じると，不純物が分子が会合するのを妨げるので凝固しにくくなり，凝固点は下がります．

雨や雪の降った冬の日に，ぬれた道路が凍結しないように塩化カルシウムを散布して，車のスリップ事故を予防しますよね．これは凝固点降下現象の身近な応用例です．

異なる金属を混ぜると凝固点が下がるほかの例として，鉛 Pb（凝固点 328℃）とスズ Sn（232℃）の合金である「はんだ」があります．鉛とスズを重量比約 2：1 で混ぜた「共晶はんだ」は 180℃で凝固・融解するので，電子部品や消火用スプリンクラーなどに利用されています．

凝固点降下現象の身近な応用例

A（② タリウム）

Q02 化石や古代遺跡の年代測定に使われる元素は、どれでしょう？

① 炭素　② 酸素　③ 窒素　④ 硫黄

炭素 C は動植物にふくまれているので、生物が生きた時代や古代遺跡を調べる手がかりになります。炭素には 3 種類の同位体 ^{12}C、^{13}C、^{14}C があり、その存在比は「98.90：1.10：痕跡量」です。^{14}C の天然存在量は炭素原子 1 兆個のうちの 1 個とごくわずかですが、放射性をもつため、測定できます。

放射性とは放射線をだして原子核が自ら壊れる性質をいいます。炭素 14（^{14}C）は 5730 年で半分に、1 万 1460 年で 4 分の 1 に減り、窒素 14（^{14}N）に変化します。このときに出るベータ線を測定したり、高感度の加速器質量分析法で直接 ^{14}C の原子数を測ったりすることで、年代を知ることができます。生きた植物は大気中の $^{14}CO_2$ を吸収し、生きた植物を食べる動物にも ^{14}C が入ります。生物が死ぬと ^{14}C はとり込まれず減り続けるので、残存している ^{14}C の量から遺跡の年代がわかるというわけです。この方法を開発したシカゴ大学のウィラード・フランク・リビー（1908-1980）は 1960 年にノーベル化学賞を受賞しました。

▲ ^{14}C 年代測定法の開発者
　ウィラード・リビー博士

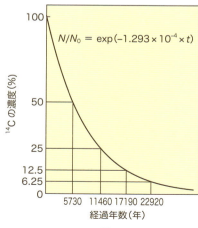

$N/N_0 = \exp(-1.293 \times 10^{-4} \times t)$

▲炭素 14（^{14}C）の減衰曲線

（答え ①炭素）

元素検定 LEVEL 3 ● 89

Q03 ガス漏れに気づくためのにおいつけ物質にふくまれる元素は，どれでしょう？
① 硫黄　　② 酸素　　③ 窒素　　④ 塩素

都市ガス成分のプロパンやブタンなどは無臭物質です．ガス漏れを鼻で感知するために，付臭剤や着臭剤という悪臭物質が0.1％ほどガスに添加されています．付臭剤の条件は，ガス管を腐食させない，廉価で取り扱いやすい，不快臭がする，などです．

硫黄 S 自体は無臭の黄色固体ですが，多くの有機硫黄化合物には悪臭があります．付臭剤になるのは第四級ブチルメルカプタン $(CH_3)_3CSH$，エチルメルカプタン C_2H_5SH，ジメチルスルフィド $(CH_3)_2S$ などです．最近ではシクロヘキセン C_6H_{10} という非硫黄性の付臭剤も利用されています．

無機化合物の二酸化硫黄 SO_2 や硫化水素 H_2S も独特の不快臭があります．毛髪や羊毛製品が燃えたときの悪臭成分にはアンモニアだけでなく，メチオニンやシステインといった含硫アミノ酸が熱で分解されてできる硫黄化合物がふくまれています．

悪臭をもつ代表的な化学物質

アンモニア	NH_3	刺激臭，し尿臭
硫化水素	H_2S	卵の腐敗臭
メチルメルカプタン	CH_3SH	キャベツの腐敗臭
ブチルメルカプタン	$CH_3(CH_2)_3SH$	スカンクのガスのにおい
硫化メチル	$(CH_3)_2S$	玉ねぎの腐敗臭
トリメチルアミン	$(CH_3)_3N$	魚の腐敗臭
トリエチルアミン	$(CH_3CH_2)_3N$	精液のにおい
アセトアルデヒド	CH_3CHO	刺激臭，し尿臭
プロピオン酸	CH_3CH_2COOH	汗臭い刺激臭
酪酸	$CH_3(CH_2)_3COOH$	汗臭い刺激臭
イソ吉草酸	$(CH_3)_2CHCH_2COOH$	むれた靴下のにおい
イソブタノール	$(CH_3)_2CHCH_2OH$	刺激的な発酵臭
n-ブチルアルデヒド	$CH_3(CH_2)_2CHO$	刺激的な焼け焦げ臭
スカトール	C_9H_9N	腸内ガスの一成分

環境省，『悪臭防止法特定悪臭物質リスト』(2017) などより．

A．① 硫黄

LEVEL3 Q04

元素を組み合わせて調べた地球の年齢に近いものは、どれでしょう？

① 55 億年　② 45 億年　③ 35 億年　④ 25 億年

地球の年齢は古くから人びとの関心事であり，それを決める古代神話や人材には事欠きません．1650 年にアイルランドの大主教ジェームズ・アッシャー（1581-1656）は聖書などを読み解き，紀元前 4004 年に地球が誕生したと唱えました．科学者ケルビン卿（ウィリアム・トムソン，1824-1907）は，誕生したての熱い地球が冷える過程を考察して，1863 年に 1 億年と提唱し，1881 年には 5 千万年〜 2 千万年と訂正していました．『種の起源』を書いたチャールズ・ダーウィン（1809-1882）は地質年代測定から，1895 年に約 3 億年と見積もっています．

ようやく 1960 年代に，岩石中の金属元素を調べてその同位体が放射線を出して壊変する過程を調べるという信頼できる手段が現れました．とくにウラン U と鉛 Pb を併用する方法，ルビジウム Rb とストロンチウム Sr を併用する方法が使われています．その結果，地球の年齢はおおよそ 45 億年と見積もられています．これは，隕石中の鉄 Fe を分析した結果とよく合致しています．

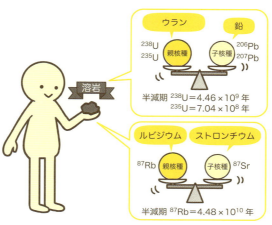

▲地球の年代測定に用いられる放射性核種の半減期

(A) ② 45 億年

Q05

1960年から23年間，長さの基本単位の定義に使われた元素は，どれでしょう？

① ネオン ② アルゴン ③ クリプトン ④ キセノン

　地球の子午線全周の長さの4000万分の1を1メートルとする，と1790年にはじめて決められました．1880年にはメートル原器の長さで1メートルが定義されました．1960年から23年間は，クリプトン86（^{86}Kr）が出すレーザー光の波長の1 650 763.73倍の長さとなりました．さらに，1983年からは光速による定義へと変更されて現在に至っています．

　イギリスのウィリアム・ラムゼー（1852-1916）と助手のモーリス・トラバース（1872-1961）は液体空気の分留物のスペクトルから，1898年5月にクリプトンKr（隠れたもの）を，6月にネオンNe（新しいもの）を，7月にキセノンXe（よそ者）を見つけました．

　クリプトンは無色・無臭の貴ガスで，空気中には体積で0.18％しかありません．日常では，クリプトンが封入された電球が長寿命で明るく輝くので，よく使われています．化学的に安定なクリプトンは化合物をつくりにくい物質ですが，現在ではフッ素Fと化合した二フッ化クリプトンKrF$_2$が知られています．

▲クリプトンの発見者ラムゼー（左）とトラバース（右）

A ③ クリプトン

LEVEL3 Q06 窒素をアンモニアに変える方法を発見した人は，だれでしょう？
① フェルミ　② ドルトン　③ ラムゼー　④ ハーバー

　大気中の窒素 N_2 は窒素固定細菌が還元して植物に吸収されます．動物は植物を食べて排泄し，窒素分はやがて大気に戻ります．窒素は大気と生物のあいだをたえず循環しています．窒素はリン酸，カリウム K とならぶ肥料の三大要素で，農業には欠かせません．

　人工的な窒素固定法を発見したのは，ドイツ人化学者フリッツ・ハーバー（1868-1934）です．彼は1913年に鉄触媒の入った容器のなかで窒素ガスと水素ガスを高温高圧（約300気圧，500℃）で混ぜました．すると窒素から，肥料の元になるアンモニア NH_3 ができたのです．工業規模でのアンモニア生産には，カール・ボッシュ（1874-1940）が加わりました．おかげで窒素肥料が増産でき，農業生産量は飛躍的に伸び，世界人口の増加につながりました．彼らは空気中の窒素を食料に変えたのです．ハーバーとボッシュは，それぞれアンモニア合成（1918年）と高圧化学（1931年）の業績でノーベル化学賞を得ました．

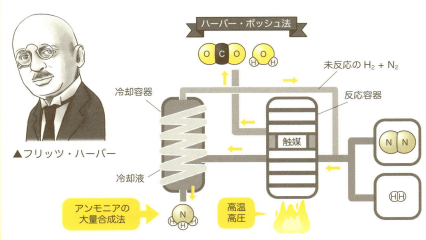

▲フリッツ・ハーバー

▲ハーバー・ボッシュ法によるアンモニア合成

A ④（ハーバー）

元素検定 LEVEL 3

LEVEL3 Q07
フッ素ともっとも強く結合する元素は，どれでしょう？
① 窒素　② 炭素　③ ケイ素　④ 硫黄

結合を切るために必要なエネルギーを，「結合解離エネルギー」といいます．たとえば，水分子「H–O–H」のO–H結合の結合解離エネルギー（kJ/mol）は，ひとつ目が493.4 kJ/molで，2つ目が424.4 kJ/molです．フッ素Fとの結合エネルギーは，それぞれ硫黄S（327 kJ/mol），窒素N（278 kJ/mol），炭素C（492 kJ/mol），ケイ素Si（597 kJ/mol）です．ケイ素との結合エネルギーが一番大きく，ケイ素とフッ素の結合はとても強いといえます．酸化ケイ素SiO_2を主成分とするガラスは，一般的な酸にはまったく反応せず，化学的に安定ですが，フッ化水素酸HFとは反応して溶けてしまいます．これは，ケイ素とフッ素が強い結合をつくるので，ケイ素と酸素Oの強い結合すら切ってしまうためと考えられています．

◀ケイ素とフッ素の強力な結合

それぞれの単結合の結合解離エネルギー（平均，25℃，kJ/mol）

	Br	C	Cl	F	H	I	N	O	P	S	Si
Br	193	285	219	249	366	178		201	264	218	330
C	285	346	324	492	414	228	286	358	264	289	307
Cl	219	324	242	255	431	211	192	206	322	271	400
F	249	492	255	159	567	280	278	191	490	327	597
H	366	414	431	567	436	298	391	463	322	364	323
I	178	228	211	280	298	151		201	184		234
N		286	192	278	391		158	214			
O	201	358	206	191	463	201	214	144	363		466
P	264	264	322	490	322	184		363	198		
S	218	289	271	327	364					266	293
Si	330	307	400	597	323	234		466		293	226

G. Aylward, T.Findlay, Si chemical data., 5th edition, John Wiley & Sons（2008）.

Q08

リンをふくむ割合がもっとも多いものは，どれでしょう？

① 鉛筆　② 石鹸　③ マッチ　④ ライター

　かつてはどの家庭にもマッチがありましたが，最近では小学校の理科の授業や，仏壇のろうそくの着火用くらいしか利用せず，あまり見かけることもなくなりました．リンPの「発火しやすい」という性質を利用したものがマッチです．マッチは漢字で書くと「燐寸」であり，リン（燐）の発火しやすさをあらわしています．

　摩擦マッチは1827年にイギリスの科学者ジョン・ウォーカー（1781-1851）が塩素酸カリウムと硫化アンチモンを頭薬として発明しました．1930年にはフランスで黄リンマッチが発明されましたが，発火しやすく危険なため，使用が禁止されました．現在では，マッチ棒の頭薬部分にリンはなく，塩素酸カリウムとガラス粉，珪藻土などを固めたものが用いられています．マッチをこすりつける箱側面の摩擦面に，赤リンと，硫化アンチモンなど発火しやすい物質にガラス粉を混ぜてヤスリ状にした側薬を用いています．マッチ棒の頭薬部分をマッチ箱の側面にこすりつけると側面の赤リンが発火し，それがマッチ棒の頭薬部分に燃え移ることで火がつくのが，安全マッチのしくみです．

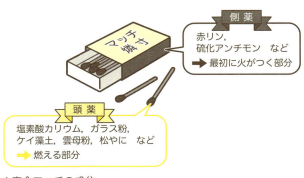

▲安全マッチの成分

A ③ マッチ

元素検定 LEVEL 3

スウェーデンのシェーレは黄緑色の気体を発見しましたが，元素であることに気づかず発見者になれませんでした．どの元素でしょう？

① フッ素　② 塩素　③ 臭素　④ ヨウ素

カール・ヴィルヘルム・シェーレ（1742-1786）は，さまざまな元素や有機化合物，無機化合物を発見しています．ところが残念なことに，常にタッチの差で発表をほかの人に先を越され，元素の第一発見者の栄誉を手にすることはありませんでした．マンガン Mn 発見と同じ 1774 年，彼は塩素 Cl_2 を単離することにも成功していて，「黄緑色に色づいた気体」に気がついていました．しかしシェーレは，この塩素が「元素」であるとは気がつかず，酸素 O との化合物であると勘ちがいしていたため，元素としての塩素発見にはいたりませんでした．塩素が元素であることは，30 年ほどのち，1810 年にイギリスのハンフリー・デービー（1778-1829）が確認しました．

ハロゲン元素発見の歴史

	F	Cl	Br	I	At	Ts
発見年	1886 年	1774 年	1826 年	1811 年	1940 年	2010 年
発見者	アンリ・モアッサン	ハンフリー・デービー	アントワーヌ・ジェローム・バラール	ベナール・クールトア	エミリオ・セグレら	ユーリ・オガネシアンら
方法	フッ化水素に二フッ化水素カリウムを溶かした溶液を電気分解し，フッ化カルシウムの容器を捕集に使った	二酸化マンガンに塩酸を加えることにより，塩素の単体を得た（シェーレ）	海水と塩素の反応	海藻灰の抽出液に酸を加えて発生した刺激臭のある気体を冷やすと，黒紫色の結晶が得られた	ビスマス 209 にアルファ粒子をあてた（^{211}At）	バークリウム 249 とカルシウム 48 との衝突実験
備考	シェーレがフッ化水素を発見（1771 年）	シェーレが単離（1774 年），元素として認識したのがデービー	カール・レーヴィヒが鉱泉から新元素として発見したが（1825 年），論文発表が遅れた	デービーが実験により塩素と性質が似ている元素であることを発見	1932 年，フレッド・アリソンがモナザイトから 85 番元素を発見した（アラバミン Ab と命名）と報告したが，のちに否定された	2016 年，オークリッジ国立研究所，テネシー大学，ヴァンダービルト大学などの研究機関があるテネシー州にちなんで命名された

（峯昻）Ⓒ ▼

LEVEL3 Q10

日本人ではじめて原子の姿を土星型原子モデルで提案したのは，だれでしょう？

① 湯川秀樹　② 寺田寅彦　③ 長岡半太郎　④ 小川正孝

「原子の姿はどうなっているか？」という疑問は，昔から科学者たちのあいだで議論されていました．1904年にJ・J・トムソン（1856-1940）は，正の電荷をもつ何かの物体のなかに，負の電荷をもつ電子が埋まっている，といった原子モデルを提案しました．これは「プラム・プディング・モデル（ブドウパンモデル）」とよばれました．

日本の科学者長岡半太郎（1865-1950）は，直感的に「このモデルは間違っている」と感じたそうです．

長岡は，正の電荷をもつ何かが中心に固まってあり，そのまわりを負の電荷をもつ電子が回っている，土星のような構造をしている，と提案しました．発表当時は残念ながらあまり注目されませんでした．のちに，トムソンの弟子のアーネスト・ラザフォード（1871-1937）が実験検証をすることで，長岡の土星型原子モデルが非常に正しい姿をあらわしていると証明されました．

▲トムソンの「プラム・プディング・モデル（ブドウパンモデル）」と長岡半太郎の「土星型原子モデル」

元素検定 LEVEL 3

Q11 さまざまなアルコールやカルボン酸をつくるときに使われるグリニャール反応剤にふくまれる元素は，どれでしょう？

① パラジウム　② リチウム　③ マグネシウム　④ カルシウム

フランスの有機化学者ヴィクトル・グリニャール（1871-1935）が1900年ごろにつくりだしたグリニャール反応剤を使えば，さまざまなアルコール類を簡単に合成できます．エチル基（−CH$_2$CH$_3$）など炭素鎖のユニットをほかの分子に組み込むための有機合成に欠かせない反応剤です．この反応剤が開発されるまでは有機亜鉛化合物がおもに使われていましたが，これらは反応性が低く，発火性もあり，危険でした．一方，安全なマグネシウムを使った反応性の高いグリニャール反応剤は簡便に調製できるので，簡単な原料から新しい有機化合物をつくることができる反応剤として，現在でも広く利用されています．

たとえば，エチル・グリニャール反応剤を使えば，鉛原子Pbにエチル基を簡単に導入できるので，自動車運転中のノッキングを予防するためにガソリンに加えるアンチノック剤としてかつては広く用いられたテトラエチル鉛が合成できます．

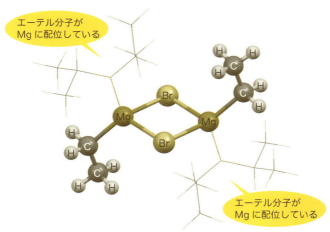

▲エチルマグネシウムブロミド（CH$_3$CH$_2$MgBr）二量体の結晶構造

A ③マグネシウム

長寿命の電池や黄色い顔料をつくるために利用されている元素は，どれでしょう？

① マンガン　② 亜鉛　③ カドミウム　④ 水銀

亜鉛 Zn，カドミウム Cd，水銀 Hg を亜鉛族金属といいます．3つとも融点が比較的低く，水銀は常温で液体です．いずれも電池材料として重要で，亜鉛は乾電池，カドミウムはニッカド電池（ニッケル-カドミウムアルカリ電池），水銀は一次電池のアマルガム電極として広く使われています．

正極にニッケル酸化物，負極にカドミウムを用いたニッカド電池は，酸化体，還元体のイオンの高い安定性から，繰り返し充電ができ，長寿命で頑丈なうえ，軽量なため，コードレスホンなどの電池として活躍しています．亜鉛は重要な生体必須元素ですが，カドミウムや水銀は毒性の高い元素として知られています．

硫化カドミウムは，カドミウムイエローとして親しまれる黄色い顔料として利用されていて，ゴッホなどの有名な画家に愛された鮮やかで美しい絵の具の色をしています．

さまざまな電池の比較

	おもな用途	メリット	デメリット
マンガン乾電池	時計，リモコンなど	安価で軽い，液漏れしにくい	大電流に向いていない
アルカリ乾電池	現在は一般的．カメラ，携帯充電器などの大電流が必要な機器	大電流対応，使用期限が長い，幅広い用途に対応	マンガン乾電池より重い，やや高価，液漏れしやすい，低温使用には向かない
リチウム乾電池	スマートフォンなど	長寿命（マンガン乾電池の約10倍），ほとんど液漏れはない・軽い・低温でも使用可能・自己放電がほとんどない	非常に高価，故障時の危険が大きい，初期電圧が高い，入手困難
ニッケル水素電池	リモコン，デジタルカメラなど	繰り返し充電できる，大電流対応，製品によって容量を選べる，メモリー効果（継ぎ足し充電による電圧降下）が小さい	かなり重い，自己放電が大きい，太く，長いため対応できない機器もある，電圧が低い，過放電（使い切った後に放電）に弱い
ニッケルカドミウム電池	モーター製品など	繰り返し充電できる，大電流対応，ニッケル水素電池より安価，低温でも性能があまり落ちない，過放電に強い	メモリー効果が大きい，有毒なカドミウムを使う，自己放電が激しい，容量が少ない

LEVEL3 Q13

アルファ粒子によるがん治療が期待されている元素は，どれでしょう？

① テクネチウム　② プロメチウム　③ アスタチン　④ ハッシウム

質量数 211 のアスタチン（^{211}At）は，1940 年，カリフォルニア大学バークレー校のサイクロトロンを使って加速したアルファ粒子を原子番号 83 のビスマス 209（^{209}Bi）の原子核に衝突させ，人工的につくり出されました．^{211}At は，半減期 7.2 時間で原子核が壊変し，細胞殺傷性の高いアルファ粒子を放出します．近年，^{211}At を抗体などに標識してがん細胞に集積させ，アルファ粒子によってがんを治療する研究が進められています．アルファ線が，ある物質に入って止まるまでに走る距離（飛程）は細胞 10 個分程度で，ベータ線やガンマ線に比べて短いため，正常細胞への悪影響を減らせます．

原子番号 85 のアスタチンの元素名は，"不安定な"を意味するギリシャ語の *astatos* に由来しています．テクネチウム Tc は，"人工の"を意味するギリシャ語の *technetos*，プロメチウム Pm はギリシャ神話に登場する火の神 Prometheus，ハッシウム Hs はヘッセン州のラテン語名 *Hassia* に由来しています．

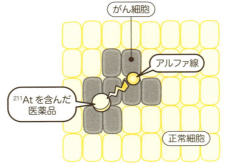

▲アスタチン 211 は，がん細胞を死滅させることができるアルファ粒子を放出する

100 ●元素検定

Q14 1952年におこなわれた世界初の水爆実験の灰から発見された元素は，どれでしょう？
① テクネチウムとアクチニウム　② ウランとプルトニウム
③ アインスタイニウムとフェルミウム　④ ノーベリウムとローレンシウム

　マーシャル諸島エニウェトク環礁で世界初の水爆実験が1952年におこなわれました．爆発後，航空機で大気中に浮遊しているちりが集められ，陽イオン交換クロマトグラフィーによる化学分離とアルファ線計測によって，新元素アインスタイニウム Es とフェルミウム Fm が発見されました．爆発の結果，高密度の中性子が発生し，起爆剤に使われていたウラン238（^{238}U）がつぎつぎに中性子を捕獲して ^{253}U や ^{255}U が生成しました．^{253}U と ^{255}U は，ベータマイナス壊変を繰り返して原子番号を増やし，それぞれ原子番号99，100をもつ新元素の同位体となりました．この発見は，1955年になってようやく公表されました．

　99番元素は，理論物理学者のアルベルト・アインシュタイン（1879-1955）にちなんでアインスタイニウム，100番元素は，原子核物理学者のエンリコ・フェルミ（1901-1954）にちなんでフェルミウムと名づけられました．

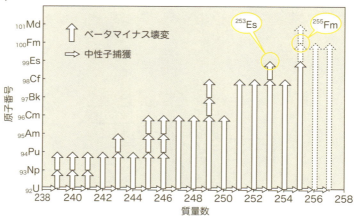

▲ウラン238から原子番号99のアインスタイニウムと原子番号100のフェルミウムが生成する様子

D. C. Hoffman, A. Ghiorso, G. T. Seaborg, "The Transuranium people, The inside story," Imperial College Press（2000）, Chapter 6.

▲ ③ アインスタイニウムとフェルミウム

元素検定 LEVEL 3 ● 101

Q15 メンデレーエフが1869年に提案した元素周期表で，存在が予言された元素は，どれでしょう？
① ナトリウム　② ガリウム　③ 鉄　④ 銀

　ロシアの化学者ドミトリ・メンデレーエフ（1834-1907）は，1869年，当時発見されていた63種類の元素を原子量と化学的性質にもとづいて分類することに成功しました．元素周期表の誕生です．元素の周期性に気がついた科学者は，メンデレーエフのほかにもいました．しかし，メンデレーエフが優れていたのは，当時まだ発見されていない元素があると考え，周期表で分類の規則に当てはまらない場所を空白とし，しかもその原子量や化学的性質を予言したからです．

　その後まもなく，メンデレーエフの予言どおり，1875年にガリウムGa，1879年にスカンジウムSc，1886年にゲルマニウムGeと空白の元素がつぎつぎに発見されました．これによって，メンデレーエフの周期表の正しいことが証明されたわけです．周期表をつくったメンデレーエフは，原子番号101のメンデレビウムMdにその名を残しています．

▲メンデレーエフの周期表
現在の周期表とは異なり，原子量の順に左上から右下に向かってならべられている．
よく似た化学的性質をもつ元素が横にならぶ．
D. I. Mendelejew, Zhurnal Russkogo, *Khimicheskogo Obshchestva*, **1**(2–3), 60 (1869).

Q16 電気陰性度がもっとも低い元素は、どれでしょう？
① リチウム ② アルゴン ③ 金 ④ フランシウム

電気陰性度とは、原子が電子を引きつける強さの相対的な指標です。水素 H を除く周期表第 1 族の元素は、アルカリ金属とよばれます。上からリチウム Li, ナトリウム Na, カリウム K, ルビジウム Rb, セシウム Cs, フランシウム Fr の 6 元素が縦にならんでいます。アルカリ金属元素の原子は、最外殻に 1 個だけ電子をもっています。この電子を放出すると、非常に安定な貴ガス元素の電子配置構造になることができます。したがって、アルカリ金属元素は電子を引きつける力が弱く、電子を 1 個だけ放出して、1 価の陽イオンになりやすいのです。とくに原子番号が大きくなるほど、すなわち原子半径が大きくなるほど、その傾向は強くなります。フランシウムはアルカリ金属のなかでもっとも原子番号が大きく、セシウムとならんで電気陰性度がとても低い元素です。

族\周期	1	2	3	4	5	6	7	8	9	10	11	12	13	14	15	16	17	18
1	H 2.1																	He
2	Li 1.0	Be 1.5											B 2.0	C 2.5	N 3.0	O 3.5	F 4.0	Ne
3	Na 0.9	Mg 1.2											Al 1.5	Si 1.8	P 2.1	S 2.5	Cl 3.0	Ar
4	K 0.8	Ca 1.0	Sc 1.3	Ti 1.5	V 1.6	Cr 1.6	Mn 1.5	Fe 1.8	Co 1.8	Ni 1.8	Cu 1.9	Zn 1.6	Ga 1.6	Ge 1.8	As 2.0	Se 2.4	Br 2.8	Kr
5	Rb 0.8	Sr 1.0	Y 1.2	Zr 1.4	Nb 1.6	Mo 1.8	Tc 1.9	Ru 2.2	Rh 2.2	Pd 2.2	Ag 1.9	Cd 1.7	In 1.7	Sn 1.8	Sb 1.9	Te 2.1	I 2.5	Xe
6	Cs 0.7	Ba 0.9	La 1.1	Hf 1.3	Ta 1.5	W 1.7	Re 1.9	Os 2.2	Ir 2.2	Pt 2.2	Au 2.4	Hg 1.9	Tl 1.8	Pb 1.8	Bi 1.9	Po 2.0	At 2.2	Rn
7	Fr 0.7	Ra 0.9	Ac 1.1															

元素記号下の数字は電気陰性度（原子が電子を引きつける力）を示す。

周期表で右端の貴ガスを除くと、電気陰性度は右上にいくほど大きく、左下にいくほど小さくなる傾向にある。

▲元素周期表（アルカリ金属、第 1 族）
羽場宏光 監修,『イラスト図解 元素』, 日東書院 (2010).

A ④ フランシウム

Q.17 国際キログラム原器の材料に使われていた合金は，白金とどの元素からなるでしょう？
① イリジウム　② ロジウム　③ パラジウム　④ ルテニウム

1 キログラムの定義はメートル法を制定する 1795 年に「溶けつつある公理の温度の水」の 1 デシ立方メートル（dm³）の質量と定義されましたが，その後 4 ℃の水 1 デシ立方メートルの質量，と変更されました．しかし，水の密度は気圧と温度の影響を受けるため，これを避けることを目的として 1799 年にフランスの国際度量衡局で，直径・高さとも約 39 ミリメートルの円柱状の金属「国際キログラム原器」がつくられました．この質量が 1 キログラムと定められていて，国際単位系（SI）の単位を決めるために人工的につくられた基準器はこれが唯一のものです．

　白金円柱 1 キログラムの標準器が完成し，基準として使われました．約 70 年を経て，永久的に保持できる人工原器をつくるために，15 年の歳月をかけて白金 90 %，イリジウム 10 %の合金を使った「標準器」が多数つくられました．そのうちのひとつが 1889 年に「国際キログラム原器」と定められました．6 番目につくられた原器は 1890 年に日本に到着し，「日本国キログラム原器」として使われていました．やがて，キログラム原器は廃止され，2019 年 5 月 20 日（世界計量記念日）から，1 キログラムはプランク定数に基づく高精度な新定義に変更されました．

▲キログラム原器

A ① イリジウム

LEVEL 3 Q18 人工的につくられた元素の数は，いくつでしょう？

① 9　② 19　③ 29　④ 39

43番元素テクネチウム Tc，61番元素プロメチウム Pm，85番元素アスタチン At，そして93番元素ネプツニウム Np から118番元素オガネソン Og までの元素は，すべて人工的につくられ，発見されました．自然界から発見された元素に対して，人工元素とよばれます．人工元素は全部で29種類あり，現在118種類知られている元素の約4分の1にあたります．ほとんどの人工元素はサイクロトロンなどの加速器を利用してつくられました．しかし，95番元素アメリシウム Am とプロメチウム Pm は，原子炉から発生する中性子が用いられています．

一方，99番元素アインスタイニウム Es と100番元素フェルミウム Fm は，世界最初の水爆実験ののち，大気中に浮遊しているちりから発見されました．原子番号94のプルトニウム Pu までの人工元素は，自然界にも存在していることが確認されています．

▲元素周期表における人工元素

(A ③ 29)

元素検定 LEVEL 3 105

LEVEL3 Q19

油井を掘削するとき，ドリルで穴を空けながら岩石のくずを浮き上がらせて取り除くために加えられる化合物にふくまれる元素は，どれでしょう？
① 鉛　　② モリブデン　　③ バリウム　　④ ビスマス

バリウム Ba は周期表で 55 番目という比較的重い部類に入る元素ですが，単体の金属としては密度（g/cm³）が 3.59 です．この値はより原子番号の小さい，鉄 Fe（原子番号 26）の密度 7.87 と比べて小さな値です．

物質の密度は構成する原子の原子半径と結晶構造で決まりますが，金属バリウムではバリウムの原子半径が大きいため，密度は比較的小さくなっているのです．ところが，バリウムがほかの元素と塩をつくると，その塩の比重は大きくなります．たとえば，代表的な岩石のひとつである花崗岩の密度は約 2.6 〜 2.8 ですが，硫酸バリウムの密度は 4.5 のように，多くの岩石より重くなります．

硫酸バリウムを水に懸濁させた液体を掘穿泥水といい，油井などで岩石を削りながら地中に深く穴を掘り進むとき，くずとなった岩石を浮かび上がらせて取り除くために使われます．これは加重剤ともいいます．実用には重晶石（硫酸バリウム）を砕いたバライト粉末が使われています．

▲ 海上に設置された油田掘削プラットフォーム

A. ③ バリウム

LEVEL3 Q20

ライターの発火石は鉄とミッシュメタルの合金です．ミッシュメタルの成分になる元素は，どれでしょう？
① チタン　② ランタン　③ タングステン　④ ジルコニウム

ライターの発火石は鉄 Fe とミッシュメタルの合金です．希土類元素は互いに化学的な性質が似ていて，鉱石中には複数の種類の希土類元素がふくまれています．それぞれの希土類を分離したり精製したりする前の混合している状態のものをミッシュメタル（ドイツ語の Mischmetall = mixed metals）とよんでいます．

ミッシュメタルは軽希土類に分類されるセリウム Ce（40～50％）とランタン La（20～40％）が主成分で，プラセオジム Pr やネオジム Nd など，ほかの希土類元素もふくまれます．希土類を分離する技術が発達する前は，このミッシュメタルをライターの発火石に使うことが希土類の用途のひとつでした．

ニッケル水素電池に用いられる水素吸蔵合金として $LaNi_5$ がありますが，ミッシュメタルをふくむ $MMNi_5$（MM はミッシュメタル）にも同じくらいの水素吸蔵能力があり，これを使うことでコストを下げることができます．また，硫黄 S を吸収する性質があるため，かつては鉄鋼を製造するときに硫黄吸収材として用いられていました．

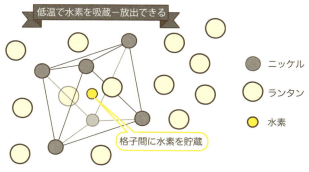

▲水素吸蔵合金で水素が吸蔵される様子

（答え ② ランタン）

元素検定 LEVEL 3 ● 107

Q21 ランタノイドは，地球には少ないと考えられましたが，なかには銅と同じくらい豊富に存在する元素もあります．どの元素でしょう？

① ガドリニウム　② ネオジム　③ プラセオジム　④ セリウム

ランタノイドは 57 番のランタン La から 71 番のルテチウム Lu までの 15 元素の総称です．ランタノイドは +3 価のイオンの最外殻の電子配置がどれも s^2p^6 という閉殻構造になっていて，水溶液中での化学的性質がとてもよくにているため，分離するのが非常に困難でした．1803 年にランタノイドのセリウム Ce が最初に発見されてから，1905 年に最後のルテチウムが分離されるまで，およそ 100 年もかかっています．

表は地殻中でのランタノイドの存在量（％）で多い順にならべました．この表からセリウムは銅 Cu（0.5×10^{-3}％）よりもたくさんの量が存在しているとわかります．また，セリウムやランタン，ネオジム Nd は鉛 Pb（0.6×10^{-3}％）より多く存在します．なお，プロメチウム Pm は自然界にはほんのわずかしか存在しません．

ランタノイドは「4f 軌道」に電子をもっていて，この電子のために，さまざまな特徴のある磁性を示します．ネオジムやサマリウム Sm，ガドリニウム Gd，ジスプロシウム Dy などは有用な磁性元素です．

地殻中でのランタノイドの存在率

原子番号	元素	地殻中の存在量（％）
58	Ce	6.0×10^{-3}
57	La	3.0×10^{-3}
60	Nd	2.8×10^{-3}
59	Pr	8.2×10^{-4}
62	Sm	6.0×10^{-4}
64	Gd	5.4×10^{-4}
66	Dy	4.8×10^{-4}
70	Yb	3.0×10^{-4}
68	Er	2.8×10^{-4}
63	Eu	1.2×10^{-4}
67	Ho	1.2×10^{-4}
65	Tb	8×10^{-5}
69	Tm	5×10^{-5}
71	Lu	5×10^{-5}

日本化学会 編，『化学便覧 基礎編（改訂 4 版）』，丸善出版（2002），p.51 より．

（答えは ④）

LEVEL 3 Q22

自然放射線のおもな原因となっている元素は，どれでしょう？

① カリウム　② マグネシウム　③ ナトリウム　④ 塩素

放射性元素は，たとえばウラン U のように鉱物として地殻中にあり，日常生活では接する機会の少ないものと思われがちです．ところが，日常生活でも身近な放射性元素があります．その代表がカリウム K です．カリウムはいろいろな食品や土壌，さらには飲料水など，身の回りの多くのものにふくまれています．自然界に存在するカリウムのうち，約 0.01% が放射性カリウム 40（^{40}K）です．カリウム 40 の半減期は約 12.5 億年で，45 億年前に地球が誕生したときにできたものがまだ残っているのです．カリウム 40 の約 11% は電子捕獲して，放射性のないアルゴン 40 に，約 89% はベータマイナス壊変して放射性のないカルシウム 40 になります．日常，いろいろな形でこのカリウム 40 を摂取しているため，私たちは 1 年間に約 0.17 ミリシーベルトの被ばくを受けています．この値は自然に被ばくする放射線量の約 3 分の 1 に相当します．

▲生体内の天然放射性物質

▲食物中のカリウム 40 の量
単位はベクレル/kg．
原子力安全研究協会，「生活環境放射線データに関する研究」，『原子力・エネルギー図面集』を参考に．

元素検定 LEVEL 3 ● 109

金, 銀, 銅の色など, 金属の色を決めているのは, どれでしょう?

① 可視光領域での光の透過率　② 可視光領域での光の反射率
③ 紫外線領域での光の反射率　④ 赤外線領域での光の反射率

金属の色は光の反射が可視光のどの波長領域で起こるかによって決まります. 金属に光沢があるのは, 光が金属中を動き回る自由電子により反射されるためです. 自由電子のある特定な振動数(プラズマ振動数)より小さな振動数の光は自由電子により遮蔽され, 金属のなかに侵入できません. 自由電子の密度が大きいほどプラズマ振動数は大きく, 自由電子の有効質量が大きいほど, プラズマ振動数は小さくなります. 図はアルミニウム Al, 金 Au, 銀 Ag, 銅 Cu, 鉄 Fe の紫外線から可視光線領域の光の反射率を示したものです.

アルミニウムや銀は可視光の全領域の波長の光を反射するので, 表面の色は銀白色になります. 金は赤色から黄色の波長の光をよく反射するので, 黄金色に見えます. 銅はとくに赤色の領域の光をよく反射するため, 赤みがかって見えます. 一方, 鉄は可視光全域を反射しますが, 銀やアルミニウムに比べると反射率が低いため, 灰色がかった金属光沢となります.

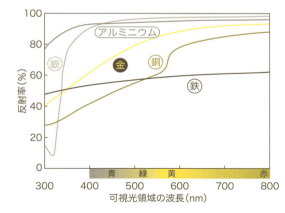

▲いろいろな金属の反射率の波長変化
http://optica.cocolog-nifty.com/blog/2011/11/post-97a0.html を参考に.

A ② 可視光領域での光の反射率

110 ●元素検定

Q24

強力なレーザーに使われる酸化物の結晶成分の組合せは，どれでしょう？

① ランタン-チタン　② イットリウム-アルミニウム
③ スカンジウム-ジルコニウム　④ イットリウム-ジルコニウム

イットリウム Y とアルミニウム Al からなるガーネット型の結晶構造をもつ酸化物 $Y_3Al_5O_{12}$ がイットリウム-アルミニウム-ガーネット（YAG）です．大きなものでは 10 センチメートルほどの結晶がつくられています．この YAG でイットリウムの一部をほかの元素で置き換えたものがレーザー材料になります．代表的なものがネオジム Nd:YAG レーザーで，大出力の発生が可能で，工業用，研究用に利用されます．Nd:YAG レーザーからは波長が 1064 ナノメートルの赤外線が出ますが，非線形光学結晶* を用いて高調波を発生させることにより，波長 532 ナノメートルの緑色の光（SHG）や 355 ナノメートルの紫外線（THG）などを出すこともできます．また，エルビウム Er で置換したものは医療用に使われています．酸化物の結晶を使ったレーザーとしては，サファイヤにチタン Ti を添加した結晶を使うチタンサファイアレーザーもあり，パルス幅が数フェムト秒の超短パルス発振が可能です．

	指向性（直進性）	単色性	可干渉性（コヒーレンス）
通常光	 電球	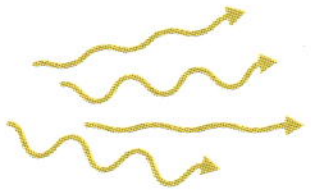 波長がバラバラ	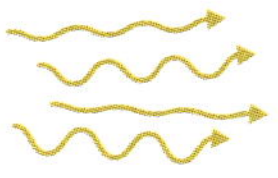 山と谷がバラバラ
レーザー光	 レーザー	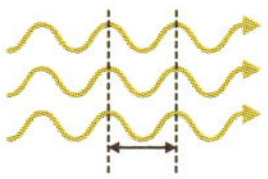 波長一定	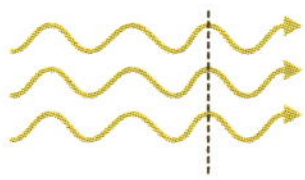 山と谷がそろっている

▲通常光と比べたレーザー光の特徴

非線形光学結晶：結晶内に電気分極があることで，入射光と結晶のあいだで相互作用が生じ，波長が半分や 3 分の 1 になった光が放出される結晶．

A ② イットリウム-アルミニウム

元素検定 LEVEL 3 ● 111

LEVEL3 Q25 鉄鋼材に高張力や軽量化をもたらすために加えられる元素は,どれでしょう？
① ニオブ　② バナジウム　③ タンタル　④ ジルコニウム

第5族のバナジウム V とニオブ Nb は,ともに鉄鋼の性質を変える性質をもっています．バナジウムを加えると,鋼は硬く,さらに摩耗性を高くして表面から材料が消耗するのを防ぎます．またニオブは鋼に高い引っ張り強さ（高張力）をあたえ,軽くする機能をもっています．ニオブは1周期下のタンタル Ta と性質がよく似ています．1801年にイギリスのチャールズ・ハチェット（1765-1847）が大英博物館にある北米産のコルンブ石*から新元素を発見し,コロンブスおよびアメリカの旧名コロンビアにちなんでコロンビウムと名づけられましたが,タンタルとよく似ているため,認められませんでした．その後,フランスのアンリ・ドービル（1818-1881）らによって再発見されるまで60年以上も待たねばなりませんでした．この元素の正式な名称が決まったのは1949年で,元素発見からじつに148年もかかりました．

タンタルはギリシャ神話の「タンタロス」に由来しますが,ニオブはタンタロスの娘の「ニオベ」にちなんで名づけられました．現在ニオブは,チタン Ti やスズ Sn との合金が超伝導性を示すため,磁気共鳴画像法（MRI）やリニアモーターカーなどに利用されています．

▲チャールズ・ハチェット

リニアモーターカー

＊ コルンブ石の組成は $FeNb_2O_6$．

（答：① ニオブ）

LEVEL3 Q26

人工関節や歯のインプラントなどに用いられている，免疫反応を起こしにくい元素は，どれでしょう？

① 鉛　② ケイ素　③ チタン　④ アルミニウム

チタン Ti は地殻中には 9 番目に多い元素ですが，生物の身体にはごくわずかしかありません．身体のなかでは，アルミニウム Al，鉛 Pb，バリウム Ba，鉄 Fe あるいはバナジウム V と共存していますが，理由はわかっていません．チタンはアルミニウムより 1.5 倍重く，6 倍硬い金属です．チタンは化学的には安定で，チタンやその化合物が体内に入っても毒性は少なく，炎症反応も起こしません．さらにチタンは骨に結合しやすいため，人工関節や人工骨などの整形外科分野や歯科用部材や治療（インプラント）に多く利用されています．

イギリスの牧師ウィリアム・グレガー（1761-1817）が 1791 年に黒い砂メナサイト（現在のイルメナイト）から酸化チタンを発見しました．その後，1795 年にドイツのマルティン・ハインリッヒ・クラップロート（1743-1817）もルチル鉱（金紅石，TiO_2）から酸化チタンを発見し，元素名はギリシャ神話の巨人「タイタン」にちなんでチタンと名づけました．純粋のチタンは，1910 年にアメリカのマシュー・A・ハンター（1878-1961）により得られました．

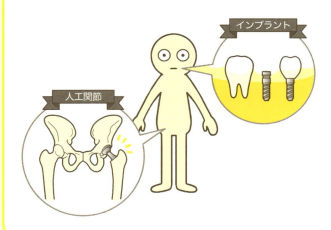

▲クラップロート

LEVEL3 Q27

誘電率が高いため，小型で大容量のコンデンサをつくるのに欠かせない元素は，どれでしょう？
① 鉛　② 鉄　③ 銅　④ タンタル

物質には電気を通すものと通さないものがあります．電気を通す物質は導体とよばれ，一方，電気を通さない物質は絶縁体とよばれています．物質がどれだけ電気を通しやすいか，あるいは蓄えやすいかは，それぞれ導電率や誘電率という値で知ることができます．誘電率とは，物質に外部から電場を与えたとき，物質中の電子あるいは分子が電気的にどの程度分極するかを示す値です．分極とは双極子モーメントができたことにより電荷にかたよりが生まれる現象です．物質の誘電率と真空の誘電率の比を比誘電率といい，一般的にはこの比誘電率で物質を比較します．

チタン酸バリウムの比誘電率は最大 1200 で，酸化チタンと酸化タンタルはそれぞれ 100 と 27.9 です．比誘電率の大きい固体はコンデンサ（電気を蓄えたり放出したりする電子部品）の誘電体として使われています．タンタル Ta のコンデンサは小型で軽いため，携帯電話などの電子機器の小型化には欠かせない材料です．

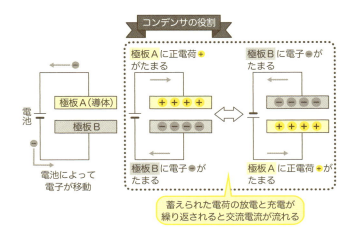

コンデンサの役割

Q28

地球の上空にあるオゾンは，どの組合せでつくられているでしょう？

① 二酸化炭素と可視光線　　② 二酸化炭素と紫外線
③ 酸素分子と紫外線　　　　④ 酸素分子と可視光線

ドイツやスイスで活躍した化学者のクリスチアン・フリードリヒ・シェーンバイン（1799-1868）は，1840年にオゾン O_3 が雷雨のなかで酸素 O_2 からつくられることを発見しました．刺激性をもつ臭いから，ギリシャ語の"におい"を意味する *Ozein* にちなんで，オゾン（ozone）と名づけられました．

オゾンは空気中で紫外線を照射するとできます．また，無声放電などの高いエネルギーの電子を酸素分子と反応させてつくることができます．

$$3\,O_2 \rightarrow 2\,O_3$$

無声放電とは，ある一定の間隔においた電極に絶縁体をかぶせ，交流電圧をかけたときに起こる放電のことです．オゾンは O_3 とあらわされるように，3個の酸素原子からできている酸素の同素体です．オゾン分子の構造は，折れ曲がっています．地球上でのオゾンは紫外線が強い赤道付近でつくられ，大気の流れによって地球全体に運ばれます．

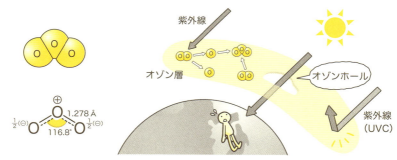

▲オゾンの構造（左）とオゾン層（右）

A ③ 酸素分子と紫外線

元素検定 LEVEL 3 ● 115

25℃の室温では白色の固体ですが，13℃以下になると灰色となりもろくなる元素は，どれでしょう？
① アルミニウム　② スズ　③ ゲルマニウム　④ ケイ素

金属は温度や圧力が変わると結晶構造が変わり，ちがった状態に変化することがあります．これを同素変態といいます．スズSnは室温付近では白色スズで展性や延性に優れた金属ですが，温度により3種類の同素体（灰色スズ，白色スズ，ガンマスズ）として存在します．

灰色スズはダイヤモンド型の構造をしていますが，Sn-Sn間の結合エネルギーが小さいため，もろくて非金属的な性質を示します．白色スズからの転移温度は13.2℃ですが，実際は長時間−40℃以下に置かれないと，灰色スズには変態しないようです．

灰色スズになってつぎつぎと壊れていく様子は，感染病から連想して，スズペストとよばれています．1812年，ナポレオン軍がロシアへ遠征したときに，冬の極寒の地で長時間戦ったため，兵士の軍服の白色のスズボタンがつぎつぎと灰色スズに変態して壊れ，兵士の士気がそがれて敗退したと伝えられています．

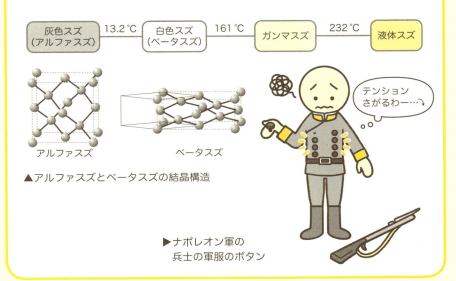

▲アルファスズとベータスズの結晶構造

▶ナポレオン軍の兵士の軍服のボタン

(A ② スズ)

Q30

ニールス・ボーアが存在を予測し，ボーア研究所のコスターとヘベシーが 1923 年に発見した元素は，どれでしょう？

① ボーリウム　　② ラザホージウム　　③ バークリウム
④ ハフニウム

　デンマークの理論物理学者ニールス・ボーア（1885-1962）は，1913 年に"ボーアの原子模型"を提案したことで有名ですが，元素についても深い関心をもっていました．72 番元素は当時知られていませんでした．ボーアは 1 周期上のジルコニウム Zr によく似た元素が存在すると予測して，ボーア研究所の物理学者ディルク・コスター（1889-1950）と化学者ジュルジ・デ・ヘベシー（1885-1966）に研究を薦めました．2 人はジルコニウムをふくむ鉱石ジルコンを用いて研究し，分別結晶と X 線分析をくり返して 1923 年に新元素を発見しました．この新元素は，ボーア研究所のあるコペンハーゲンのラテン語名 *Hafnia* にちなんでハフニウム Hf と名づけました．天然の元素としては最後から 3 番目に発見された元素でした．最後から 2 番目はレニウム，最後に発見された元素はフランシウムです．

　ジルコニウムは，1789 年にマルティン・ハインリッヒ・クラップロートにより酸化物として発見され，命名されました．一方，ハフニウムの発見（1923 年）には，ジルコニウムの発見から約 140 年の歳月が必要でした．ジルコニウムとハフニウムは，それほどよく似た性質をもっているのです．

▲ニールス・ボーア

▲ジュルジ・デ・ヘベシー

▲ディルク・コスター

A ④ ハフニウム

LEVEL 4

LEVEL 1
LEVEL 2
LEVEL 3
LEVEL 5
DATABOX

118 ●元素検定

回答欄

Q 01 メンデレーエフは 1906 年のノーベル賞候補でしたが，ある元素を分離した人が受賞しました．だれでしょう？
① ラムゼー　　② デービー　　③ リービッヒ　　④ モアッサン

Q 02 脳血流や甲状腺，心機能の核医学診断に用いられる元素は，どれでしょう？
① ウラン　　② ラドン　　③ ラジウム　　④ テクネチウム

Q 03 アメリカとその他の国で英語の「つづり」が異なる元素は，どれでしょう？
① ナトリウム　② マグネシウム　③ アルミニウム　④ バリウム

Q 04 かつてワインの甘味料に使われた金属化合物があります．どの元素でしょう？
① カルシウム　　② 鉄　　③ 銅　　④ 鉛

Q 05 ヒトの肺から出る息の二酸化炭素量は体積にして，どれくらいでしょう？
① 1%　　② 3%　　③ 10%　　④ 14%

Q 06 宝石ルビーの美しい赤色のもとになる元素は，どれでしょう？
① 銅　　② ルビジウム　　③ クロム　　④ マンガン

Q 07 炭素との結合が非常に弱いために有機合成でよく用いられる有機金属化合物中の元素は，どれでしょう？
① 銅　　② 白金　　③ ビスマス　　④ カリウム

Q 08 いろいろな有機化合物を合成する「クロスカップリング反応」の触媒に使われることが多いのは，どの元素でしょう？
① セシウム　　② パラジウム　　③ ゲルマニウム　　④ カドミウム

Q 09 国際的に決められている「1 秒」を定義するために用いられている元素は，どれでしょう？
① 炭素　　② セリウム　　③ タリウム　　④ セシウム

Q 10 金属イットリウムをはじめて単離した，有機化学の祖といわれる化学者は，だれでしょう？
① F・ヴェーラー　② J・J・ベルセーリウス　③ J・ガドリン　④ L・F・ニルソン

元素検定 LEVEL 4 ● 119

回答欄

Q11 物質の「磁性」を決めている要素は，どれでしょう？
① 陽子　　② 中性子　　③ 電子　　④ クォーク

Q12 フレロビウムからオガネソンまでの5つの元素の合成に用いられたイオンビームは，どれでしょう？
① 水素　　② ヘリウム　　③ カルシウム　　④ 亜鉛

Q13 元素周期表の第7周期の最後の元素は，どれでしょう？
① ウラン　　② ニホニウム　　③ オガネソン　　④ テネシン

Q14 超重元素合成の標的物質として重宝される元素は，どれでしょう？
① タングステン　　② 金　　③ バークリウム　　④ ニホニウム

Q15 元素記号のなかで，もっともよく使われているアルファベットは，どれでしょう？
① Aとa　　② Eとe　　③ Nとn　　④ Rとr

Q16 1913年に同位体という言葉をはじめて提案したイギリスの化学者は，だれでしょう？
① メンデレーエフ　② ラザフォード　③ キュリー夫人　④ ソディー

Q17 アルファ線によるがん治療に利用されている元素は，どれでしょう？
① フッ素　　② テクネチウム　　③ ヨウ素　　④ アクチニウム

Q18 もっとも安定な酸化数が2+であるアクチノイドは，どれでしょう？
① アクチニウム　② トリウム　③ フェルミウム　④ ノーベリウム

Q19 白色LEDの蛍光体に使われるランタノイドは，どれでしょう？
① ランタン　　② イッテルビウム　　③ セリウム　　④ ツリウム

Q20 磁場をかけると形が変わる性質を利用して，スピーカーなどに使われている元素は，どれでしょう？
① ガドリニウム　② テルビウム　③ セリウム　④ ホルミウム

120 ●元素検定

回答欄

Q21 圧力を加えると電圧が発生する圧電効果に使われる結晶のおもな元素は，どれでしょう？
① 水銀　　② 鉛　　③ タリウム　　④ カドミウム

Q22 銀よりも空気中で安定なために鏡面コーティングやアクセサリーのめっきに使われる元素は，どれでしょう？
① パラジウム　② ロジウム　③ イリジウム　④ オスミウム

Q23 地球上でもっとも豊富に存在する放射性元素は，どれでしょう？
① ウラン　　② トリウム　　③ ラドン　　④ ラジウム

Q24 量子論にもとづいて原子模型を確立した理論物理学者にちなんで名づけられた元素は，どれでしょう？
① アインスタイニウム　② レントゲニウム　③ ラザホージウム　④ボーリウム

Q25 1982年に，ビスマスと鉄とを衝突させて合成された元素は，どれでしょう？
① キュリウム　② メンデレビウム　③ マイトネリウム　④ ダームスタチウム

Q26 もっとも気体になりにくく，自然界から最後に発見された安定な元素は，どれでしょう？
① レニウム　② テクネチウム　③ フランシウム　④ ルテチウム

Q27 固体になると体積が増える元素は，どれでしょう？
① 亜鉛　　② ルビジウム　　③ 鉄　　④ ビスマス

Q28 となりあった元素の組合せのうち，原子量が原子番号の順にならんでいるのは，どれでしょう？
① 白金と金　② テルルとヨウ素　③ コバルトとニッケル　④ アルゴンとカリウム

Q29 紙幣の偽造防止のために使われていると推定されている元素は，どれでしょう？
① イッテルビウム　② フランシウム　③ ガドリニウム　④ ユウロピウム

Q30 輝線スペクトルが波長451ナノメートルを示し，ラテン語で"藍色"にちなんだ名前をもつ元素は，どれでしょう？
① セシウム　　② タリウム　　③ ルビジウム　　④ インジウム

元素検定 LEVEL 4　121

Q01 メンデレーエフは1906年のノーベル賞候補でしたが，ある元素を分離した人が受賞しました．だれでしょう？
① ラムゼー　② デービー　③ リービッヒ　④ モアッサン

選択肢の4人は19世紀，ドミトリ・メンデレーエフ（1934-1907）と同時代に活躍した人たちです．ドイツのユストゥス・フォン・リービッヒ（1803-1873）は有機化学の始祖といわれています．ハンフリー・デービー（1778-1829）はイギリスの化学者で，カリウムKなど6個もの元素を自然界から発見しました．ウィリアム・ラムゼー（1852-1916）もイギリスの化学者で，アルゴンArなどの貴ガスの発見者として知られています．フランスのアンリ・モアッサン（1852-1907）は1906年のノーベル化学賞選考で，メンデレーエフとともに候補者の一人でした．このときの投票結果は，わずか1票差でモアッサンが選ばれました．その受賞理由はフッ素ガスの単離成功です．なお，2012年にアントゾナイトという蛍石のなかに微量の天然フッ素ガスが見つかり，話題になりました．

メンデレーエフは近代的な周期表を提唱した偉人です．その業績をたたえて，1955年に発見された101番元素はメンデレビウムMdと命名され，周期表にその名が刻まれています．

▲フッ素ガスの単離に成功したモアッサン

A：④ モアッサン

122 ●元素検定

LEVEL4 Q02
脳血流や甲状腺，心機能の核医学診断に用いられる元素は，どれでしょう？

① ウラン　　② ラドン　　③ ラジウム　　④ テクネチウム

放射性をもつ元素は，自ら別の元素に変わるときに放射線〔アルファ線（ヘリウム原子核），ベータ線（電子），またはガンマ線（波長が非常に短い電磁波）〕をだします．これを使う医学分野を核医学といい，体内の病変部位を探るためにガンマ線をだすテクネチウム99m（^{99m}Tc）がよく使われます．

　テクネチウムは自然界にはほとんどなく，1947年にはじめて人工的につくられました．なかでも，原子炉でつくるモリブデン99（^{99}Mo）がベータマイナス壊変してできる同位体^{99m}Tc（添字mは準安定metastableの意味）が診断に利用されます．^{99m}Tcは半減期6時間でより安定な^{99}Tc（半減期21万年）になります．脳や甲状腺，骨などに集積するよう設計した^{99m}Tc化合物（図を参照）が放つガンマ線の分布を画像化すると，集積部位の異変がわかります．投与量は被ばく被害がでないほどのごく小量です．

$$^{99}_{42}\text{Mo} \xrightarrow{\text{ベータ壊変}} {}^{99m}_{43}\text{Tc} \xrightarrow{\text{ガンマ壊変}} {}^{99}_{43}\text{Tc}$$

（半減期65.976時間）　　　（半減期6.001時間）

心筋血流測定剤

R = CH$_2$-C(CH$_3$)$_2$-OCH$_3$

骨イメージング剤
（配位子のみ表示．リン原子がTcに配位結合する）

脳血流測定剤

▲医薬品に使われる^{99m}Tc化合物の例

（ムウチネクテ④：えこた）

元素検定 LEVEL 4

Q03

アメリカとその他の国で英語の「つづり」が異なる元素は、どれでしょう？

① ナトリウム　② マグネシウム　③ アルミニウム
④ バリウム

バリウム Ba やナトリウム Na など語尾には -ium をつけて金属元素であることを示します．アルミニウム Al も世界標準では aluminium と書きます．しかし，アメリカだけがこれを aluminum（アルミナム）とつづります．アメリカでのネーミングには事情がありました．

アルミニウムの廉価な電解製法は 1886 年にアメリカ人チャールズ・マーティン・ホール（1863-1914）とフランス人のポール・エルー（1863-1914）により，それぞれ独自に確立されました．ホールは，みずから立ちあげたアルコア社がつくるアルミニウムを，高級感あふれる白金 platinum を連想させる名称アルミナムとして宣伝しました．アルミナムが爆発的に売れたため，アメリカ化学会は 1925 年にこれを公式採用したのです．ホールが卒業したオハイオ州のオーバリン大学には，アルミニウムでできた青年時代のホール像が飾られています．なお，東京都町田市にある桜美林大学の名前はオーバリン大学に由来します．

▲アルミニウムの製造法を開発したホール

LEVEL4 Q04

かつてワインの甘味料に使われた金属化合物があります．どの元素でしょう？

① **カルシウム**　② **鉄**　③ **銅**　④ **鉛**

古代ローマ帝国では，鉛 Pb から得られる甘味料がワインに混ぜられました．それはブドウ果汁を鉛でおおった銅釜で煮てできるサパというシロップです．甘いサパは「土の糖」とよばれた酢酸鉛という有毒物です．サパ入りの甘口ワインを好んだ多くのローマ人は鉛中毒にかかり，皇帝ネロ（32-68）が暴君になったのは鉛中毒が一因ともいわれています．また，音楽家ベートーベン（1770-1827）の遺髪には，通常の 100 倍もの鉛が検出されました．ワイン愛好家のベートーベンが甘いワインの多飲で重い鉛中毒にかかり，弱っていた聴力を完全に失ったという説があります．

柔らかく加工しやすい鉛は，日本の上水道の給水管として最近まで使われていました．すぐに健康被害はないものの，鉛中毒防止のために塩化ビニル管やステンレス管に取り替えられています．ローマ時代には海藻が生えないように，うすい鉛板が船腹に貼られました．

なお，鉛中毒は鉛イオンが体内にある酵素類のチオール基（SH 基）に結合して酵素の働きを妨げるために起こります．

▲古代ローマ人好みの鉛糖入り甘口ワイン

元素検定 LEVEL 4 ● 125

Q05 ヒトの肺から出る息の二酸化炭素量は体積にして，どれくらいでしょう？
① 1%　② 3%　③ 10%　④ 14%

体内でブドウ糖が代謝されると，二酸化炭素 CO_2 ができて肺から排出されます．ヒトが吐く息の二酸化炭素は体積で 1%（安静時）から 9%（運動時）です．日常生活では約 3% で，呼吸前の二酸化炭素（空気体積の約 0.04%）よりも約 75 倍に増えます．石灰水にストローで息を吹き込むと白くにごるのは，二酸化炭素のためです．

ヒトが 1 日にはきだす呼気は約 19 立方メートルで，そのなかに二酸化炭素は約 1 キログラムあります．2018 年の世界人口が約 75 億人なので，呼吸により 1 年間でほぼ 28 億トンの二酸化炭素がはきだされます．これは石油などの化石燃料の燃焼で発生する二酸化炭素約 330 億トンのおよそ 8.5% です．しかし，呼気の二酸化炭素は植物由来の食品からで，自然界の炭素循環の中立性（カーボンニュートラル）を大きく崩しません．一方で，化石燃料の使用で増え続ける二酸化炭素は表にあるように膨大で，気候変動をもたらすといわれています．

2018 年における世界の二酸化炭素排出量

順位	国名	排出量（百万トン）	割合（%）	順位	国名	排出量（百万トン）	割合（%）
1	中国	9,333	28.4	6	ドイツ	713	2.2
2	アメリカ	5,071	15.4	7	韓国	582	1.8
3	インド	2,107	6.4	8	カナダ	504	1.5
4	ロシア	1,578	4.8	9	ブラジル	471	1.4
5	日本	1,147	3.5	10	メキシコ	468	1.4

総排出量は約 329 億トン．『エネルギー・経済統計要覧 2018 年版』省エネルギーセンター（2018）より．

A ② 3%

Q06 宝石ルビーの美しい赤色のもとになる元素は，どれでしょう？

① 銅　② ルビジウム　③ クロム　④ マンガン

　ルビーの名前はラテン語の赤 ruber に由来します．この言葉は赤い「輝線スペクトル」を示す元素ルビジウム Rb にも使われています．ただし，宝石ルビーの赤色はルビジウムイオン（Rb^+）ではなく，クロムイオン（Cr^{3+}）によります．輝線スペクトルとは，高温で加熱された気体状の元素がだす光の線状スペクトルで，波長はそれぞれの元素でちがうため，元素を識別するのに使えます．

　ルビーのもととなっている物質は無色透明な酸化アルミニウム Al_2O_3 の結晶です．ここにクロム Cr が混ざるとルビーに，チタン Ti や鉄 Fe が混ざると青い宝石サファイヤになります．いまでは，ルビーは人工合成できるようになりました．酸化アルミニウムを高温で熔かし，0.1〜1％の酸化クロム Cr_2O_3 を混ぜます．Al^{3+} イオンが Cr^{3+} イオンと置き替わり，それが赤く光ります．

　ルビーは宝石だけでなく，波長がそろったレーザー光源としても重要で，通信や分析機器に使われています．ルビーレーザーの波長は694ナノメートルで，皮膚表面のメラニン色素を壊すため，シミ消し用に使われます．また，ルビーはダイヤモンドについで硬いので，コランダムという研磨剤や小型精密機械の軸受け部品にもなります．

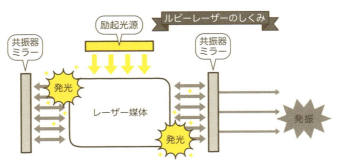

▲レーザー媒体に使われる合成ルビー

[A] ③ クロム

元素検定 LEVEL 4　127

炭素との結合が非常に弱いために有機合成でよく用いられる有機金属化合物中の元素は，どれでしょう？
① 銅　② 白金　③ ビスマス　④ カリウム

ビスマス Bi は，おもに 3 価および 5 価の酸化状態が安定で，3 配位から 6 配位まで，多様な結合様式が可能です．有機化合物のユニットが連結した有機ビスマス化合物は反応性が高く不安定ですが，それは同時に反応性が高い，ということを意味しますので，反応剤として活用できます．

有機ビスマス化合物の特徴は，「ビスマス−炭素結合は，金属−炭素結合のなかでももっとも弱い結合で，適度に分極した結合（$C^{\delta-}-Bi^{\delta+}$）である」という点で，このような性質を活かした有機反応が多く報告されています．とくに，炭素−ビスマス結合は，遷移金属元素と速やかに反応することから，遷移金属元素のクロスカップリング反応（炭素−炭素結合生成反応）の片方のパーツとして使われています．

結合解離エネルギーの大きさ

E	E–C 結合	E–O 結合
リン（P）	63	87
ヒ素（As）	48	72
アンチモン（Sb）	51	76
ビスマス（Bi）	34	81

単位は kcal/mol．

A ③ ビスマス

LEVEL4 Q08

いろいろな有機化合物を合成する「クロスカップリング反応」の触媒に使われることが多いのは，どの元素でしょう？
① セシウム　② パラジウム　③ ゲルマニウム
④ カドミウム

炭素原子 C が鎖のようにつながることで，さまざまな有機化合物ができています．しかし，炭素化合物は普通の状態では安定で，いくら混ぜてもそれだけでは反応して結合することはありません．普通は進まない反応を，進むように手助けしてくれる物質を「触媒」といいます．

六角形の「亀の甲」分子ともよばれる「ベンゼン」は，さまざまな有機化合物にふくまれるパーツとして重要です．二つのものを結合させる化学反応をクロスカップリング反応といいますが，このベンゼンの環どうしをつなぐクロスカップリング反応の触媒として，パラジウム Pd がとても効果的です．このようなパラジウムを触媒として使ったクロスカップリング反応を多く発見した根岸英一（1935-），鈴木 章（1930-），リチャード・F・ヘック（1931-2015）は，これらの功績により，2010 年にノーベル化学賞を受賞しました．

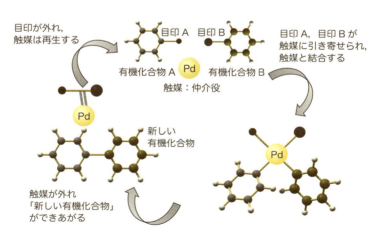

▲クロスカップリング反応のしくみ

A. ②（パラジウム）

元素検定 LEVEL 4 ● 129

国際的に決められている「1秒」を定義するために用いられている元素は，どれでしょう？

① 炭素　　② セリウム　　③ タリウム　　④ セシウム

「1秒」の定義として，過去には地球の公転（1年の長さ）を基準にして1秒が決められていましたが，1967年の第13回国際度量衡総会において「セシウム133（^{133}Cs）の原子の基底状態の2つの超微細準位のあいだの遷移に対応する放射の周期の9 192 631 770倍の継続時間である．」と定められました．

（1）セシウム133原子には2つの状態があり，それらの状態はものすごい速さで行き来している，（2）2つの状態を行き来するときに弱い電磁波がでる，（3）この電磁波放射が91億9263万1770回繰り返されるのにかかる時間を「1秒」とする．

1997年には，「0ケルビン（絶対零度）における静止したセシウム原子の時計」を基準にするという声明がだされ，今日にいたっています．

天然に存在するセシウムの唯一の安定同位体セシウム133の性質を利用して，時間を決める原子時計がつくられ，世界中で用いられています．セシウム原子時計は30万年に1秒しか狂わない，もっとも正確な時計です．

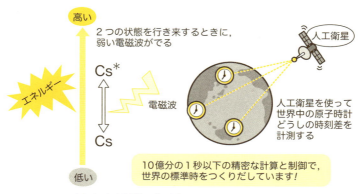

▲セシウム時計のしくみ

LEVEL4 Q10

金属イットリウムをはじめて単離した，有機化学の祖といわれる化学者は，だれでしょう？

① F・ヴェーラー　② J・J・ベルセーリウス
③ J・ガドリン　　④ L・F・ニルソン

1800年代は，植物や動物の体内でつくられる物質を有機物，生命と関係ない金属や鉱物を無機物，と分類していました．ドイツの化学者フリードリヒ・ヴェーラー（1800-1892）は，無機物であるシアン酸カリウムを硫酸アンモニウムと熱したところ，有機物である尿素〔$CO(NH_2)_2$〕ができるという発見をしました．

現在では炭素をふくむ化合物を有機物として分類していますが，炭酸塩は無機物に分類されます．炭酸の誘導体である尿素が有機物かどうか議論の余地はありますが，この尿素合成をきっかけとして，多くの人が無機化合物から有機化合物をつくる研究をはじめ，有機化学が大きく進展しました．

「有機化学の祖」とよばれたヴェーラーは，無機化学の分野でもすぐれた業績を残しました．1828年に塩化イットリウムを金属カリウム K と加熱することにより，金属イットリウムを単離しました．イットリウム Y は蛍光体として，ディスプレイや LED に多く使われています．ヴェーラーとフランスの化学者アントワーヌ・ビュシー（1794-1882）は，それぞれ独立に金属カリウムと塩化ベリリウムを反応させ，ベリリウム Be の単離にも成功しています．

▲フリードリヒ・ヴェーラー

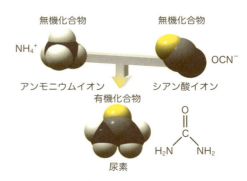

▲無機化合物＋無機化合物＝有機化合物

【A】① F・ヴェーラー

物質の「磁性」を決めている要素は，どれでしょう？
① 陽子　② 中性子　③ 電子　④ クォーク

磁石は磁性を示す物質で，つまり磁性体のひとつです．物質を構成する原子は，原子核とそれを中心に周回している電子からなります．太陽のまわりを回る（公転）地球が自転しているのと同じように，電子も公転のほかに自転をしています．負の電荷をもっている電子が自転すれば，電磁石と同じ原理で，磁場が生じて磁石になります．これをスピン磁気モーメントとよびます．電子が2つならぶと互いの磁場を打ち消し合い，全体の磁性はなくなります．電子がペアにならず，スピン磁気モーメントが残っている物質が，磁性をもっているというわけです．

磁性とは，電子がもつ磁気モーメントに由来する性質のことです．一方，電荷をもたないほかの素粒子でも，わずかのスピン磁気モーメントをもつ場合があります．たとえば中性子，ミュー粒子（宇宙線から発見され電子と同じ電荷をもち電子の200倍の重さをもつ粒子）も磁気モーメントをもっています．このように陽子や電子が正や負の電荷をもつのとは異なり，素粒子は電荷ではなく磁気モーメントをもつことがあるのです．

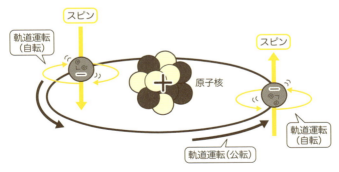

▲スピン磁気モーメント

132 ●元素検定

フレロビウムからオガネソンまでの5つの元素の合成に用いられたイオンビームは，どれでしょう？
① 水素　② ヘリウム　③ カルシウム　④ 亜鉛

　ロシアのユーリ・オガネシアン（1933-）らは，サイクロトロンを利用してカルシウム48（^{48}Ca）イオンを加速し，プルトニウム（^{242}Pu），アメリシウム（^{243}Am），キュリウム（^{248}Cm），バークリウム（^{249}Bk），カリホルニウム（^{249}Cf）のアクチノイドの原子核に衝突させ，それぞれフレロビウム（^{287}Fl），モスコビウム（^{277,288}Mc），リバモリウム（^{292}Lv），テネシン（^{293,294}Ts），オガネソン（^{294}Og）の合成に成功しました．

　カルシウム48（^{48}Ca）は，陽子数と中性子数がともに魔法数で，とても安定な原子核です．陽子に比べて，中性子を豊富にもっています．この特別な原子核をアクチノイドの標的核と融合させることによって，高い確率で超重元素を合成することができるわけです．水素H，ヘリウムHe，亜鉛Znのイオンビームを利用して合成された元素の例としては，それぞれテクネチウムTc，アスタチンAt，ニホニウムNhがあります．

フレロビウムFlからオガネソンOgまでの
5つの元素の合成に用いられた原子核反応

原子番号	元素名	元素記号	発見年	発見に用いられた核反応*
114	フレロビウム	Fl	1999	^{242}Pu + ^{48}Ca → ^{242}Pu^{48}Ca → ^{287}Fl + 3n
115	モスコビウム	Mc	2004	^{243}Am + ^{48}Ca → ^{243}Am^{48}Ca → ^{288}Mc + 3n ^{243}Am + ^{48}Ca → ^{243}Am^{48}Ca → ^{287}Mc + 4n
116	リバモリウム	Lv	2000	^{248}Cm + ^{48}Ca → ^{248}Cm^{48}Ca → ^{292}Lv + 4n
117	テネシン	Ts	2010	^{249}Bk + ^{48}Ca → ^{249}Bk^{48}Ca → ^{294}Ts + 3n ^{249}Bk + ^{48}Ca → ^{249}Bk^{48}Ca → ^{293}Ts + 4n
118	オガネソン	Og	2006	^{249}Cf + ^{48}Ca → ^{249}Cf^{48}Ca → ^{294}Og + 3n

＊ nは放出される中性子をあらわす．

Q.13 元素周期表の第7周期の最後の元素は，どれでしょう？
① ウラン　② ニホニウム　③ オガネソン　④ テネシン

ユーリ・オガネシアン（1933-）が率いるロシアとアメリカの共同研究グループは，プルトニウム244（^{244}Pu）やカリホルニウム249（^{249}Cf）などのアクチノイド標的にカルシウム48（^{48}Ca）の原子核を融合させ，114番から118番元素まで，5つもの新元素の発見に成功しました．2016年11月28日，国際純正・応用化学連合（IUPAC）は，118番元素の元素名として，発見者のオガネシアンにちなんだ名前オガネソン，元素記号Ogを決定しました．

存命中に元素名になった人物は，106番元素シーボーギウムSgの名前になったグレン・シーボーグ以来2人目です．オガネソンは周期表の第7周期の最後の元素で，第18族の貴ガス元素と考えられています．オガネシアンは，107番元素ボーリウムBhから113番元素ニホニウムNhまでの7つの新元素合成の手法となった，冷たい核融合反応の提唱者でもあります．

◀ユーリ・オガネシアン

A ③ オガネソン

LEVEL4 Q14 超重元素合成の標的物質として重宝される元素は、どれでしょう？
① タングステン　② 金　③ バークリウム　④ ニホニウム

117番元素テネシン Ts は人工元素で、原子核融合反応によって合成、発見されました。原料となった元素は、原子番号 97 のバークリウム Bk です。元素の種類は、原子核内の陽子の数によって決まります。陽子の数が原子番号に相当します。2010 年、ロシアのユーリ・オガネシアンらは、97 個の陽子をもつバークリウムの原子核（^{249}Bk）に、サイクロトロンで加速した 20 個の陽子をもつカルシウム Ca の原子核（^{48}Ca）を融合させることにより、97 + 20 = 117 と陽子数を増やして、テネシンの同位体（^{293}Ts）を合成しました。

^{249}Bk は、アメリカ・オークリッジ国立研究所の高中性子密度の原子炉を用いて、一度に数 10 ミリグラム程度しか製造できない貴重な人工元素です。わずか 327 日の半減期でベータマイナス壊変してなくなってしまいます。テネシンのほかにも、^{249}Bk を用いて、105 番元素ドブニウム Db や 107 番元素ボーリウム Bh を製造することができます。

119 以上の原子番号の元素を発見したという報告はまだありません（2018 年 7 月現在）。ロシアの合同原子核研究所では、原子番号 119 の新元素を合成するため、^{249}Bk と原子番号 22 のチタン Ti（^{50}Ti）の核融合反応が検討されています。

バークリウムを標的物質として用いた超重元素合成の例

原子番号	元素名	元素記号	核反応*
105	ドブニウム	Db	^{249}Bk + ^{18}O → ^{249}Bk^{18}O → ^{262}Db + 5n
107	ボーリウム	Bh	^{249}Bk + ^{22}Ne → ^{249}Bk^{22}Ne → ^{266}Bh + 5n
117	テネシン	Ts	^{249}Bk + ^{48}Ca → ^{249}Bk^{48}Ca → ^{293}Ts + 4n
119†	—	—	^{249}Bk + ^{50}Ti → ^{249}Bk^{50}Ti → ^{295}119 + 4n

* n は放出される中性子をあらわす。† 未発見。

A ③ バークリウム

元素検定 LEVEL 4　135

Q15

元素記号のなかで，もっともよく使われているアルファベットは，どれでしょう？

① Aとa　② Eとe　③ Nとn　④ Rとr

現在，原子番号1の水素Hから原子番号118のオガネソンOgまで，118種類の元素が知られています．すべての元素は，アルファベット1文字もしくは2文字の元素記号であらわすことができます．118種類の元素記号に使われているアルファベットの数をグラフにしてみました．もっともよく使われているアルファベットは，"Rとr"で，アルゴンAr，臭素Br，ルビジウムRb，ルテニウムRu，レントゲニウムRgなど，19種類もの元素記号に登場します．"Aとa"，"Cとs"，"Sとs"の3つのアルファベットは，16個の元素記号に使われています．一方，"Wとw"と"Xとx"のアルファベットは，それぞれタングステンWとキセノンXeのみに使われています．元素記号に"Jとj"と"Qとq"のアルファベットをふくむ元素はまだありません．

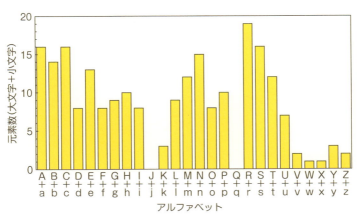

▲ 118種類の元素記号に使われているアルファベットの数

(A ④ Rとr)

LEVEL 4 Q16

1913年に同位体という言葉をはじめて提案したイギリスの化学者は，だれでしょう？

① メンデレーエフ　② ラザフォード　③ キュリー夫人　④ ソディー

陽子の数が等しくて同一の元素であるのに，中性子の数が異なる核種を同位体といいます．1913年，オックスフォード大学のフレデリック・ソディー（1877-1956）は，放射性元素が同じ化学的性質をもつにもかかわらず，異なる質量をもつ可能性を示しました．ソディーはこの概念を，「同じ」を意味するギリシャ語の *isos* と「場所」を意味する *topos* から，isotope と名づけました．Isotope の日本語訳である「同位元素」は，ソディーのもとへ留学した理化学研究所の飯盛里安（いいもりさとやす）（1885-1982）が提案しました．

原子核壊変する不安定な同位体を，放射性同位元素，放射性同位体，ラジオアイソトープ，RI などとよびます．現在，約3100種類の同位体が知られています．ソディーは，放射性物質の化学的知識への貢献と同位体の起源と性質の研究により，1921年にノーベル化学賞を受賞しています．

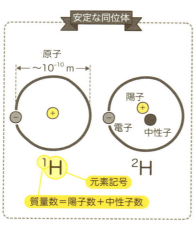

▲水素の同位体の例

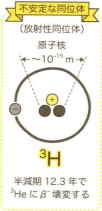

半減期12.3年で ^{3}He に β^- 壊変する

▲フレデリック・ソディー

A.④ ソディー

Q17 アルファ線によるがん治療に利用されている元素は，どれでしょう？

① フッ素　② テクネチウム　③ ヨウ素　④ アクチニウム

アクチニウム225（^{225}Ac）は，半減期が9.9日でアルファ壊変し，フランシウム221（^{221}Fr）となります．^{221}Frも半減期4.9分でアルファ壊変し，その後の原子核もつぎつぎとアルファ壊変またはベータ壊変し，最終的に安定なビスマス209（^{209}Bi）にたどり着きます．この一連の壊変によって，^{225}Acは，合計で4つのアルファ粒子と2つのベータ線を放出します．

アルファ粒子は細胞を殺傷する能力が非常に高いため，^{225}Acを抗体などにくっつけて腫瘍へ集積させることができれば，腫瘍細胞を死滅させることができます．これをRI内用療法といいます．急性骨髄性白血病や神経内分泌腫瘍の治療として期待され，臨床研究がおこなわれています．ちなみに，フッ素FやテクネチウムTc，ヨウ素Iの放射性核種は，ベータ線やガンマ線を利用して，がんの診断や治療に利用されています．

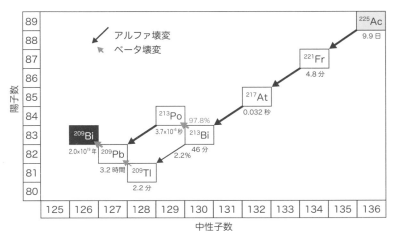

▲ ^{225}Acの壊変系列
おもな壊変経路を太い矢印で示す．

(A ④ アクチニウム)

Q18

もっとも安定な酸化数が 2+ であるアクチノイドは，どれでしょう？

① **アクチニウム**　　② **トリウム**　　③ **フェルミウム**

④ **ノーベリウム**

原子番号 89 のアクチニウム Ac から原子番号 103 のローレンシウム Lr までの 15 元素を総称して，アクチノイドとよびます．アクチノイドは原子番号とともに内殻の 4f 軌道に電子がつまっていくランタノイドと同じように，5f 軌道に電子がつまっていきます．内殻軌道に電子がつまっても，原子の性質を決定づける外側の電子（原子価電子）の配置は変わりません．このため，アクチノイドどうしは化学的性質が互いによく似ています．

アクチノイドは，ランタノイドと同様に，基本的に 3+ の酸化状態が安定となります．しかし，ランタノイドに比べて 5f 軌道，6d 軌道，7s 軌道のエネルギー準位が近いため，原子番号 90 のトリウム Th から原子番号 94 のプルトニウム Pu では，4+ から 6+ の状態が安定となります．アクチノイドのなかで唯一，原子番号 102 のノーベリウム No は，2+ がもっとも安定となります．

ランタノイド，アクチノイドの電子配置と安定な酸化数

ランタノイド					アクチノイド				
元素	電子配置			安定な酸化状態	元素	電子配置			安定な酸化状態
	4f	5d	6s			5f	6d	7s	
La		*1*	2	**3**	Ac		*1*	2	**3**
Ce	1	*1*	2	**3** 4	Th		*2*	2	**4**
Pr	3		2	**3** 4	Pa	2	*1*	2	4 **5**
Nd	4		2	**3**	U	3	*1*	2	3 4 5 **6**
Pm	5		2	**3**	Np	4	*1*	2	3 4 **5** 6 7
Sm	6		2	2 **3**	Pu	6		2	3 **4** 5 6
Eu	7		2	2 **3**	Am	7		2	**3** 4 5 6
Gd	7	*1*	2	**3**	Cm	7		2	**3** 4
Tb	9		2	**3** 4	Bk	9		2	**3** 4
Dy	10		2	**3**	Cf	10		2	**3**
Ho	11		2	**3**	Es	11		2	2 **3**
Er	12		2	**3**	Fm	12		2	2 **3**
Tm	13		2	**3**	Md	13		2	2 **3**
Yb	14		2	**3**	No	14		2	**2** 3
Lu	14	*1*	2	2 **3**	Lr	14	*1*	2	**3**

もっとも安定な酸化数を太字で示す．

元素検定 LEVEL 4 139

Q19 白色 LED の蛍光体に使われるランタノイドは，どれでしょう？

① ランタン　② イッテルビウム　③ セリウム　④ ツリウム

発光ダイオード（LED）では p 型の半導体と n 型の半導体を接合したダイオードに電流を流したとき，接合部分で電子と正孔が再び結合し，バンドギャップに相当するエネルギーを放出することで発光が起こります．放出される光の波長は，使っている半導体のバンドギャップ*の大きさで決まります．青色発光ダイオードでは，少量のインジウム In を加えてバンドギャップを青色領域に調整した窒化ガリウムが用いられています．

セリウム Ce は青い蛍光をだすことから，ブラウン管の蛍光体として利用されてきました．1997 年，青色 LED で黄色蛍光体（YAG：Ce　セリウムを添加したイットリウム・アルミニウム・ガーネット）を励起して，青色と補色関係にある黄色の光を混ぜることで白色を実現した LED が開発，商品化されました．

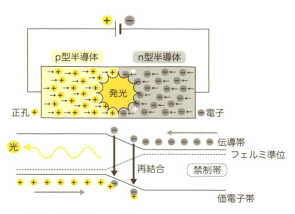

▲半導体の pn 接合で発光が起こる様子
　エネルギーの高い電子とエネルギーの低い正孔が界面で結合して発光する．

＊バンドギャップ：固体中の電子が存在できないエネルギー領域をあらわす．

（答え ③ セリウム）

Q20 磁場をかけると形が変わる性質を利用して、スピーカーなどに使われている元素は、どれでしょう？
① ガドリニウム ② テルビウム ③ セリウム ④ ホルミウム

磁場を加えると形状が変化する現象を磁歪といいます．1842年にイギリスの物理学者ジェームズ・プレスコット・ジュール（1818-1889）が金属ニッケル Ni で発見しました．ニッケルのほかにも多くの磁性体が磁歪効果を示しますが，その寸法変化量はごくわずかで，1メートルの棒でも，0.1～1ミリメートルほど伸縮するにすぎません．ところが，大きな磁気モーメントをもつランタノイド（テルビウム Tb など）と鉄族元素からなる金属間化合物ではこの効果が著しく大きくなり，通常の磁歪材料の1000倍以上になります．

円柱状の超磁歪素子にコイルを巻いた構造のエキサイタとよばれる振動子がつくられています．このコイルに音声電流を流すと，その電流がつくる磁場により超磁歪素子が伸縮し，その力によって5ミリメートルほどの厚いアクリル板を振動させて音声を再生します．応答が高速で，接触させるだけで何でもスピーカーになるアクティブ・アクチュエータや，厚いアクリル板を振動させる超磁歪フラットパネルスピーカーが開発されています．また，超磁歪材料は透磁率（磁化のしやすさ）が大きいため，高感度なセンサなどにも利用されます．

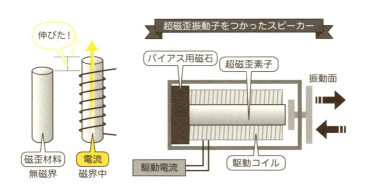

(A) ② テルビウム

元素検定 LEVEL 4　141

LEVEL4 Q21　圧力を加えると電圧が発生する圧電効果に使われる結晶のおもな元素は，どれでしょう？
① 水銀　　② 鉛　　③ タリウム　　④ カドミウム

　圧電効果（ピエゾ効果）は，ある種の結晶に圧力を加えるとその表面に電荷が現れて結晶が電気分極をもつ現象です．圧電効果による変形が大きく，多くの用途で使われているのが PZT とよばれるチタン酸ジルコン酸鉛 $Pb(Zr,Ti)O_3$ という化合物です．PZT は圧電性をもつセラミックスの代表例で，おもにセンサーやスピーカー，ソナーなどに用いられています．

　インクジェットプリンターにも，この PZT が使われています．ノズルでは図のように，インクのタンクに圧電素子[*1]を取りつけ，電気信号で伸縮させてインクを噴出させます．

　圧電素子を使う興味深い用途として，走査型トンネル顕微鏡があります．圧電素子に先端を尖らせた針（プローブ）を取りつけ，これを観察する試料の表面に接近させます．そして，試料とのあいだに流れるトンネル電流値を一定にし，圧電素子を動かすと，原子1個のサイズより小さい精度で画像化することができます．

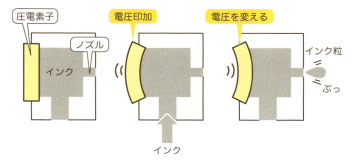

▲圧電効果を使ったインクジェットプリンター

*1　圧電素子：圧電体に力を加えると電圧が発生する，あるいは電圧を力に変換する圧電効果を使った素子．
*2　トンネル効果：絶縁体や真空など本来，電気が流れないようなポテンシャル障壁を電子がまるでトンネルがあいているように通過する現象．

（答え ② 鉛）

銀よりも空気中で安定なために鏡面コーティングやアクセサリーのめっきに使われる元素は，どれでしょう？
① **パラジウム** ② **ロジウム** ③ **イリジウム** ④ **オスミウム**

　ロジウム Rh は王水にも溶けない，化学的にきわめて安定な銀白色の金属です．銀 Ag は光に対してもっとも高い反射率をもちますが，空気中に微量存在する硫化水素と反応し，表面が黒い硫化銀に変わるために，だんだん黒ずんできます．一方，ロジウムは空気中でも安定で，銀につぐ光の反射率をもっているため，鏡面コーティングやアクセサリーに利用されています．

　ロジウムは白金族元素で，光沢があり，硬度が高く，耐食性に優れ，アレルギー反応を起こすことが少ない金属です．ただし，ロジウム自体は非常に高価で，融点が 1963 ℃と非常に高く，また硬いので，単独の金属ではアクセサリーに使われることはありません．

　一般的には，ニッケル Ni の表面をロジウムでコーティングしたアクセサリーに多く利用されています．なお，ロジウムの名前は，その塩の水溶液がバラ色を示すことから，ギリシャ語のバラ色（*rhodeos*）に由来しています．

▲ロジウムめっきした指輪

LEVEL 4 Q23

地球上でもっとも豊富に存在する放射性元素は，どれでしょう？

① ウラン　② トリウム　③ ラドン　④ ラジウム

トリウム Th はモナズ石やトール石などの鉱物にふくまれ，ウラン U の約 5 倍もあり，放射性元素のなかではもっとも多く存在します．天然のトリウムはほとんどが半減期約 140 億年のトリウム 232（^{232}Th）です．

ウランを使う通常の原子力発電とは別に，トリウム－ウラン系列とよばれる核反応により天然の ^{232}Th を核分裂性のウラン 233（^{233}U）に変換して利用する原子炉が開発されています．

トリウム原子炉は原料が豊富にあること，増殖炉を必要とせずに核分裂性核種を増殖できること，核兵器に転用可能なプルトニウム 239（^{239}Pu）の発生量がきわめて少ないことなど利点が多くあります．ただし，原子炉の大型化が困難で多数の原子炉を設置しないといけないこと，高温の溶融塩を使うための配管の腐食など課題も多くあり，さらなる技術開発が望まれています．

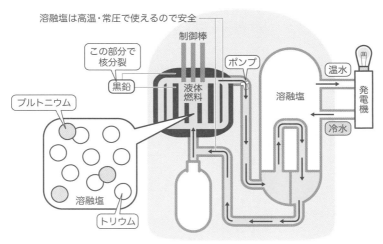

▲トリウムによる溶融型原子炉
プルトニウムをトリウムの着火剤として使うことで，プルトニウムの処分がおこなえる．

A ② トリウム

LEVEL 4 Q.24

量子論にもとづいて原子模型を確立した理論物理学者にちなんで名づけられた元素は，どれでしょう？

① アインスタイニウム　② レントゲニウム
③ ラザホージウム　　　④ ボーリウム

現代物理学の中心となる量子力学は，1900年に発表されたマックス・プランク（1858-1947）による黒体放射の研究からはじまります．電子などミクロな対象に対して，波としての性質を取り入れることで，それまでの古典物理学では説明できなかった現象を解き明かせるようになりました．当時，原子のミクロな構造についてはアーネスト・ラザフォード（1871-1937）が提唱した惑星モデルがありました．ニールス・ボーア（1885-1962）はマックス・プランクの量子仮説をこのモデルに適用することで，1913年にボーアの原子模型を確立させました．その後もヴェルナー・ハイゼンベルク（1901-1976），エルヴィン・シュレーディンガー（1887-1961）といった量子力学を代表する人たちと一緒に，量子力学の発展において指導的な役割を果たしました．

1981年，ドイツの重イオン研究所の加速器で，ビスマス209（^{209}Bi）にクロム54（^{54}Cr）を衝突させて，原子番号107番の元素がつくられました．1997年，この元素はニールス・ボーアの名前にちなんで，ボーリウムBhと命名されました．

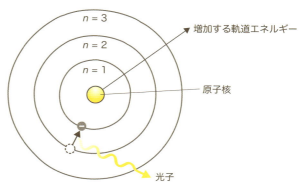

▲量子論にもとづいた原子模型

A. ④ ボーリウム

元素検定 LEVEL 4　145

1982年に，ビスマスと鉄とを衝突させて合成された元素は，どれでしょう？
**① キュリウム　　② メンデレビウム　　③ マイトネリウム
④ ダームスタチウム**

　ドイツのダルムシュタットにある重イオン研究所で，1982年に原子番号83のビスマス209（^{209}Bi）に加速した原子番号26の鉄58（^{58}Fe）を衝突させて原子番号109，質量数266の新元素がわずか1原子つくられました．この新元素はオーストリアの女性物理学者リーゼ・マイトナー（1878-1968）にちなんでマイトネリウム Mt と名づけられました．

　マイトナーは，1918年にオットー・ハーン（1879-1968）とともにプロトアクチニウム Pa を発見し，1938年にはウラン U の中性子による核分裂反応を理論的に解析し，核分裂によりエネルギーを取りだせることを明らかにしました．さらに，核分裂の連鎖反応を予測した人でした．

　ところで，元素周期表には人物の名前にちなんで名づけられた元素は16種類が知られていますが，女性にちなんで名づけられた元素は，わずか2種類しかありません．マリー・キュリー（Cm）とマイトナー（Mt）の2人です．

原子番号	元素名（元素記号）	人名
62	サマリウム(Sm)	サマルスキー
64	ガドリニウム(Gd)	ガドリン
96	キュリウム(Cm)	キュリー夫人
99	アインスタイニウム(Es)	アインシュタイン
100	フェルミウム(Fm)	フェルミ
101	メンデレビウム(Md)	メンデレーエフ
102	ノーベリウム(No)	ノーベル
103	ローレンシウム(Lr)	ローレンス
104	ラザホージウム(Rf)	ラザフォード
106	シーボーギウム(Sg)	シーボーグ
107	ボーリウム(Bh)	ボーア
109	マイトネリウム(Mt)	マイトナー
111	レントゲニウム(Rg)	レントゲン
112	コペルニシウム(Cn)	コペルニクス
114	フレロビウム(Fl)	フレロフ
118	オガネソン(Og)	オガネシアン

（A ③ マイトネリウム）

Q26

もっとも気体になりにくく，自然界から最後に発見された安定な元素は，どれでしょう？

① レニウム　② テクネチウム　③ フランシウム　④ ルテチウム

1気圧で沸点がもっとも高い元素の単体は75番元素レニウムReで，沸点は5596 ℃です．ついで，タングステンWの5555 ℃，オスミウムOsの5012 ℃と続きます．沸点の高い単体は超耐熱合金をつくり，ロケットやジェットのエンジンに使われています．放射線をださず自然界に安定に存在し，もっとも発見が遅くなった元素は，レニウムです．フランシウムFrは自然界から発見された最後の元素ですが，同位体はすべて放射性です．

レニウムの発見者は，ドイツのワルター・ノダック（1893-1960）とイーダ・タッケ（1896-1978），オットー・ベルク（1873-1939）です．1923年に発見されたハフニウムHfは，分光学者コスターと放射化学者ヘベシーの共同研究から生まれたため，レニウムの研究には分光学者ベルクが加わりました．彼らは，元素周期表の75番元素の性質を予言しました．1925年にコルンブ石からX線分析により新元素を発見し，ドイツのライン川のラテン名 Rhenus にちなんでレニウムと名づけられました．実験には再現性がありませんでしたので，タンタル石，ガドリン石，曹長石，フェルグソン石，輝水鉛鉱を集め，分析した結果，ついに輝水鉛鉱から120ミリグラムのレニウムを単離しました．レニウムの真の発見は，単離に成功した1928年です．

▲輝水鉛鉱　（写真提供：豊 遙秋博士）

A. ① レニウム

元素検定 LEVEL 4 ● 147

Q27 固体になると体積が増える元素は，どれでしょう？
① 亜鉛　② ルビジウム　③ 鉄　④ ビスマス

1 気圧の下では，水の密度は 3.98 ℃で最大，すなわちもっとも体積が小さくなり，固体の氷になると体積が増えます．このような性質を示す元素も知られています．

83 番元素ビスマス Bi は，液体の密度（g/cm³）は 10.05 ですが，固体の室温での密度は 9.78 です．これは，固体になると体積が増えることを示しています．ビスマスの融点は 271.3 ℃です．選択肢にある亜鉛 Zn，ルビジウム Rb，鉄 Fe とビスマスの密度を比較し，下の表にまとめました．

ビスマスは長いあいだ人々には知られていましたが，アンチモン Sb，鉛 Pb やスズ Sn と混同して使われていました．1753 年にフランスのクロード・ジェフロア（1729-1753）が，ビスマスと鉛のちがいを明らかにし，その後ドイツのジョアン・ハインリッヒ・ポット（1692-1777）とスウェーデンのトルビョルン・ベルイマン（1735-1784）によって，単体のビスマスの特徴が明らかにされました．自然ビスマスは，日本では古くから蒼鉛とよばれています．

元素単体の密度（g/cm³）

相	亜 鉛	ルビジウム	鉄	ビスマス
固 体	7.135	1.532	7.870	9.747
液 体	6.577	1.475	7.035	10.05

▲自然ビスマス（写真提供：豊 遙秋博士）

（A ④ビスマス）

LEVEL4 Q28 となりあった元素の組合せのうち，原子量が原子番号の順にならんでいるのは，どれでしょう？

① 白金と金　　② テルルとヨウ素
③ コバルトとニッケル　　④ アルゴンとカリウム

　ロシアのドミトリ・メンデレーエフは 1869 年に，当時知られていた 63 種類の元素の性質が原子量に関係することに気づきました．横の列（周期）では元素の性質が徐々に変化し，縦の列（族）には性質がよく似た元素がならぶことを見いだしました．そして，原子量の小さいほうから順に原子番号を決めて「元素周期表」を提案しました．つぎつぎと発見される元素をすべて取り込み，周期表は確固たるものになりましたが，原子番号と原子量が逆転する箇所があり，ここだけは解決できませんでした．

　これを解決したのは，ヘンリー・モーズリー（1887-1915）でした．元素の特性 X 線の波長と原子番号＝陽子数とのあいだに規則性を発見し，周期表に物理的な根拠を与えました．さらに，その理由は，1932 年にフランシス・ウィリアム・アストン（1877-1945）により発見された"同位体"の存在によることがわかりました．選択肢の①の白金と金のみが原子番号と原子量の順が一致しています．

▲元素周期表を提案した
　メンデレーエフ

▲周期表に物理的根拠を
　与えたモーズリー

▲同位体を発見した
　アストン

元素検定 LEVEL 4　149

Q29 紙幣の偽造防止のために使われていると推定されている元素は，どれでしょう？
① イッテルビウム　② フランシウム　③ ガドリニウム
④ ユウロピウム

ヨーロッパ 11 か国が 1998 年に統合してユーロ圏が生まれ，2002 年 1 月 1 日から共通貨幣ユーロが流通しはじめました．紙幣の偽造を防ぐため，さまざまな工夫がされていますが，ヨーロッパ大陸を名称の由来とするユウロピウム Eu がおもに使われています．

希土類元素（レアアース）は一般に +3 が安定であり，紫外線を当てると発光します．発光時間が比較的長いため，さまざまな領域で発光剤として利用されています．このイオンに有機化合物を配位子というかたちで結合させると，発光はさらに強まるため，微量でも発光が検出できるようになります．この性質が，ユーロ紙幣に採用されているのです．

254 ナノメートルの紫外線を紙幣に当てると，赤色，緑色，青色に発光します．分析の結果，赤色は Eu^{3+}-ベータジケトン錯体，緑と青色はそれぞれ $SrGa_2S_4Eu^{3+}$ と $(BaO)_xAl_2O_3Eu^{2+}$ のような複雑な化合物であろうと推定されています．

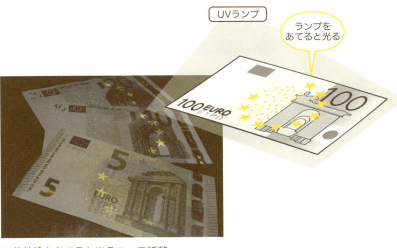

▲紫外線をあてると光るユーロ紙幣

(ムピロウユ ④) A

LEVEL4 Q30

輝線スペクトルが波長 451 ナノメートルを示し，ラテン語で"藍色"にちなんだ名前をもつ元素は，どれでしょう？
① **セシウム**　② **タリウム**　③ **ルビジウム**　④ **インジウム**

　ドイツのハイデルベルク大学のロベルト・ブンゼン（1811-1899）は実験中に爆発事故で右目を失い，実験装置を開発する研究をはじめました．グスタフ・キルヒホフ（1824-1887）と協力して，炎色反応を応用したプリズム分光器をつくり，1860 年から 1861 年にかけて，セシウム Cs とルビジウム Rb を発見しました．この方法で，ウィリアム・クルックス（1832-1919）とクロード・オーギュスト・ラミー（1820-1878）はタリウム Tl を発見しました．

　ドイツのフライベルク大学のフェルディナント・ライヒ（1799-1882）と助手のテオドール・リヒター（1824-1894）は閃亜鉛鉱のなかから青色の輝線スペクトルを示す新元素を発見し，ラテン語の藍色 indicum にちなんで，インジウム In と名づけました．ライヒが色覚異常であったため，リヒターが色彩を判定しました．原子量を 75.6 と決めましたが，メンデレーエフはこの値では周期表の正しい位置に置けないので約 50% 増やすよう指示しました．のちに，メンデレーエフの考えが正しいことがわかり（原子量 114.8），周期表の価値が高まった例となりました．

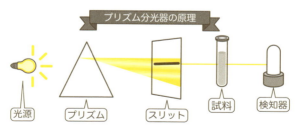

プリズム分光器の原理

プリズム分光器を用いて発見された元素

発見年	元素名	記号	輝線スペクトルの色	元素の発見者
1860	セシウム	Cs	青	ブンゼンとキルヒホフ
1861	ルビジウム	Rb	暗赤色	ブンゼンとキルヒホフ
1861	タリウム	Tl	緑	クルックス, ラミー（単体の単離）
1862-63	インジウム	In	明るい青	ライヒとリヒター
1868	ヘリウム	He	黄	ロッキャー

A ④ インジウム

LEVEL 5

回答欄

LEVEL5 Q01
鉱石から金属水銀をとりだすのに使われる方法は，どれでしょう？
① 加熱で融解　② 電気で製錬　③ 加熱で蒸発　④ 酸に溶かす

LEVEL5 Q02
動物の血液と植物の葉は異なった色をしています．色の差の原因はどれでしょう？
① 二重結合　② 金属イオン　③ 置換基　④ 分子量

LEVEL5 Q03
タングステンはもっとも融点が高い金属です．その精製法は，どれでしょう？
① 酸化物を還元する　② 鉱石を高温で溶融する
③ 電極で析出させる　④ 王水に溶かす

LEVEL5 Q04
酸性雨のおもな原因物質になる元素の組合せは，どれでしょう？
① 窒素と硫黄　② 炭素と硫黄　③ リンと塩素　④ 窒素と塩素

LEVEL5 Q05
気体元素のネオンが液化する温度にもっとも近いのは，どれでしょう？
① −100 ℃　② −150 ℃　③ −200 ℃　④ −250 ℃

LEVEL5 Q06
高価な金メダルを溶かして隠した学者は，だれでしょう？
① ボーア　② フランク　③ ラウエ　④ ヘベシー

LEVEL5 Q07
炭素とある元素からなる物質は，ダイヤモンドに近い硬さをもっています．どの元素でしょう
① 白金　② 鉄　③ ケイ素　④ ホウ素

LEVEL5 Q08
遷移元素の酸化物の融点はたいてい高温ですが，例外的に非常に低い元素の酸化物があります．どの元素でしょう？
① ルテニウム　② ロジウム　③ パラジウム　④ オスミウム

LEVEL5 Q09
1916 年に本多光太郎らによって発明された KS 鋼の重要な成分元素は，どれでしょう？
① ロジウム　② ジスプロシウム　③ コバルト　④ ネオジム

LEVEL5 Q10
貴ガスのなかで，炭素と結合して化合物が合成されている元素は，どれでしょう？
① ヘリウム　② ネオン　③ アルゴン　④ キセノン

元素検定 LEVEL 5 ● 153

回答欄

Q11 プラスチックやゴム，繊維などを燃えにくくするために加えられる化合物にふくまれる元素は，どれでしょう？
① アンチモン　　② 硫黄　　③ スズ　　④ 銀

Q12 ジエチル亜鉛など有機亜鉛化合物をつくり，ヘリウムの共同発見者でもあるイギリスの化学者は，だれでしょう？
① R・ブンゼン　② E・フランクランド　③ A・ケクレ　④ H・E・フィッシャー

Q13 NASA の火星探査機のアルファ粒子 X 線分光器に組み込まれ，土や岩石，隕石の元素分析に用いられた元素は，どれでしょう？
① トリウム　　② ウラン　　③ キュリウム　　④ ノーベリウム

Q14 カリホルニウムやアインスタイニウム，フェルミウムなどの発見に用いられた化学分離法は，どれでしょう？
① 液体クロマトグラフィー　② ガスクロマトグラフィー　③ 分別沈殿法　④ 電気分解法

Q15 天然に存在する放射性壊変系列のなかで，現在は消滅してしまった系列は，どれでしょう？
① トリウム系列　② アクチニウム系列　③ ウラン系列　④ ネプツニウム系列

Q16 2016 年に放射性医薬品として承認された塩化ラジウム（$^{223}RaCl_2$）の用途は，どれでしょう？
① 前立腺がんの骨転移治療　② 甲状腺機能の診断　③ がんの早期発見　④ 脳血流の診断

Q17 超重元素ではじめて有機金属錯体が合成された元素は，どれでしょう？
① ラザホージウム　② ドブニウム　③ シーボーギウム　④ ボーリウム

Q18 放射性壊変が確認されていないもっとも重い元素は，どれでしょう？
① 鉄　　② 鉛　　③ ビスマス　　④ ウラン

Q19 原子核の安定な島に存在すると予想される核種はどれでしょう？
① フレロビウム 298　② ハッシウム 263　③ レントゲニウム 272
④ シーボーギウム 260

Q20 ハードディスクの磁気記録層に微量加えられ，磁気記録密度の向上に貢献している元素は，どれでしょう？
① ネオジム　　② マンガン　　③ ルテニウム　　④ ロジウム

154 ●元素検定

回答欄

Q21 ガラス細工をするときに高温で赤熱しているガラスを見るときにかけるメガネにふくまれる元素は，どれでしょう？
① プラセオジム　② ユウロピウム　③ イッテルビウム　④ エルビウム

Q22 原油の探査や爆発物の検査に使う放射化分析法の中性子源として用いられる元素は，どれでしょう？
① アメリシウム　② プルトニウム　③ カリホルニウム　④ アインスタイニウム

Q23 原子番号の大きい重金属元素なのに，その化合物が胃潰瘍などの薬として使われているのは，次のどれでしょう？
① タリウム　　② ビスマス　　③ スズ　　④ アンチモン

Q24 その酸化物が優れた誘電体材料としてスマートフォンなどに使われている元素は，次のどれでしょう？
① イリジウム　　② レニウム　　③ ハフニウム　　④ ニオブ

Q25 リチウムに水滴がつくとおだやかに水素を発生し，セシウムに水滴がつくと爆発がおこります．どれで説明できるでしょう？
① 融点　② 電子親和力　③ イオン化エネルギー　④ 電気陰性度

Q26 高温になると水蒸気や水と反応して，酸化物と水素を生成する元素は，どれでしょう？
① ジルコニウム　② カルシウム　③ ハフニウム　④ ゲルマニウム

Q27 水銀は常温（25 ℃）で液体であることを説明できる要素は，どれでしょう？
① 沸点　　② 融点　　③ 凝固点　　④ 等電点

Q28 細胞内のカルシウムイオンとマグネシウムイオンの濃度比は，どれくらいでしょうか？
① 100 対 1　　② 1 対 100　　③ 1 対 1 万　　④ 1 万対 1

Q29 鉱物界からはじめて発見されたアルカリ金属元素は，どれでしょう？
① ケイ素　② タングステン　③ リチウム　④ ストロンチウム

Q30 静電気除去装置に使われている元素は，どれでしょう？
① タリウム　　② ビスマス　　③ ポロニウム　　④ ガリウム

元素検定 LEVEL 5　155

鉱石から金属水銀をとりだすのに使われる方法は，どれでしょう？
① 加熱で融解　② 電気で製錬　③ 加熱で蒸発　④ 酸に溶かす

水銀 Hg は常温で液体の特異な金属です．そのほとんどは硫化水銀 HgS を主成分とする赤色鉱石の辰砂からつくられます．赤い辰砂は朱や丹ともよばれ，岩絵の具や神社の鳥居などの彩色に使われています．辰砂を熱分解すると金属水銀になることは紀元前1世紀には経験的に知られていて，辰砂を密閉した土鍋で加熱したのち，空気を導入して細い土管に蒸気を導いて水銀を得ました．

現在でも，同様の製法を使います．細かく粉砕した辰砂を高温で加熱します．気化した硫化水銀の蒸気に酸素 O_2 を吹き込むと，硫黄 S は二酸化硫黄 SO_2 になり，水銀蒸気が残ります．水銀は約 357 ℃で液化するので，水銀蒸気を常温まで冷やすと金属水銀が採れるわけです．

金属水銀は神秘的な形状から妙薬と考えられた時代もありましたが，毒物です．誤って飲みこんでしまうと，体内でさらに毒性が強い水銀化合物になりますので取り扱いには注意が必要です．

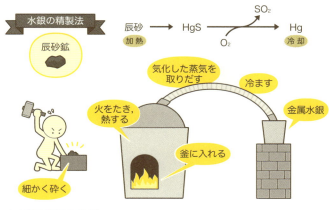

▲水銀の製法と性質

A　③ 加熱で蒸発

> **Q02** 動物の血液と植物の葉は異なった色をしています．色の差の原因はどれでしょう？
> ① 二重結合　② 金属イオン　③ 置換基　④ 分子量

　血液と葉にある色素は，どちらも大きな正方形の分子構造をしたポルフィリンやクロリンという物質です．いずれも単結合と二重結合が交互に多数あるので π 電子が広がり，この電子が光の吸収にかかわるため，血液や葉はそれぞれ赤と緑に見えます．ニンジンにはカロテン色素があり橙色になるのも，やはり π 電子のためです．図で，黄色で囲んだ部分を比べると，クロリンでは単結合になっているのがわかります．

　血液と葉で色がちがうのは金属イオンや分子周辺につく置換基のためではなく，この1か所に二重結合があるか，ないかによります．実際，ポルフィリンを化学修飾してこの二重結合をなくすと，赤紫色から緑色になるのです．

　多くの Fe^{2+} イオンや Mg^{2+} イオンは，それぞれうすい緑色や無色であり，血液や葉の色にそれほど大きな影響を与えません．緑色のクロロフィルには太陽光を強く吸収する性質があるので，光合成には好都合です．

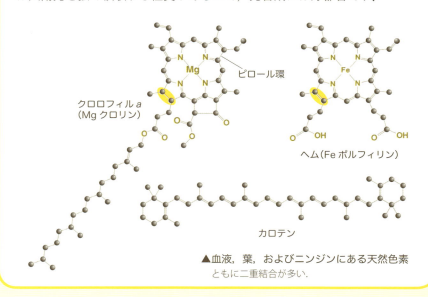

▲血液，葉，およびニンジンにある天然色素
ともに二重結合が多い．

（答）① 二重結合

元素検定 LEVEL 5　157

LEVEL 5　Q03
タングステンはもっとも融点が高い金属です．その精製法は，どれでしょう？
① 酸化物を還元する　② 鉱石を高温で溶融する
③ 電極で析出させる　④ 王水に溶かす

　タングステン W はすべての金属で融点（3407 ℃）がもっとも高く，鉄 Fe のような熔鉱炉は使えません．金属タングステンはつぎのようにつくります．まず，タングステン鉱石からタングステン酸アンモニウムを精製します．これを加熱するとアンモニアが抜けて，青色粉末のタングステンブルーオキシド $W_{20}O_{58}$ ができます．タングステンブルーオキシドを還元するには，水素ガス H_2 を使います．棒状に押し固めたタングステンブルーオキシド粉末を装置に入れて水素を満たし，2800 ℃に加熱すると，酸化物の酸素 O は水となって抜けて金属棒ができます．この金属棒をたたいて強め，引き延ばすと，電球などに使われるタングステンのフィラメントになります．

　タングステンは硬度が高いので，鉄に混ぜて歯車や切削工具にも使われます．なお，中国は世界の83％（2017年）を生産するタングステン大国です．

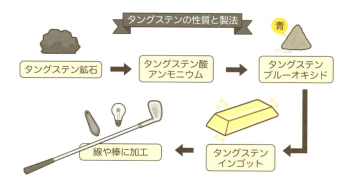

タングステンの性質と製法

【A】① 酸化物を還元する

Q04 酸性雨のおもな原因物質になる元素の組合せは，どれでしょう？
① 窒素と硫黄　② 炭素と硫黄　③ リンと塩素　④ 窒素と塩素

　天然の雨水は中性の pH 7 ではありません．空気中の二酸化炭素 CO_2 が溶け込んで，弱い酸性に傾いています．二酸化炭素が十分溶けた雨水は pH 5.6 で，これより pH が低いものを酸性雨とよびます．酸性雨のおもな原因は，産業活動や自動車利用などで使う石油や石炭などから出る窒素 N と硫黄 S の酸化物です．具体的には，一酸化窒素 NO や二酸化窒素 NO_2 など（一般に NOx，ノックスといいます）および二酸化硫黄 SO_2 です．これらの物質は空気中で硝酸 HNO_3 や硫酸 H_2SO_4 になり，雨水を酸性にします．

　環境省の発表によると，2010～2014 年の全国各地の雨水の平均 pH は 4.61～5.23 で，ビールの pH 4.0～5.0 と同じくらいです．大規模な酸性雨が降ると，動植物の死滅や赤潮の発生，建造物の劣化といった悪影響がでます．現在，酸性雨を調べるために，日本をふくむ東アジア 13 か国を結ぶ国際ネットワークができています．

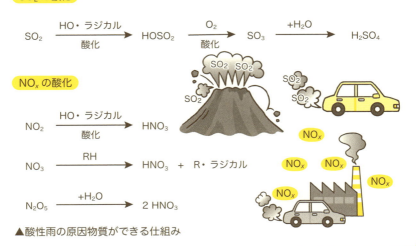

▲酸性雨の原因物質ができる仕組み

A ① 窒素と硫黄

元素検定 LEVEL 5

気体元素のネオンが液化する温度にもっとも近いのは、どれでしょう？

① –100 ℃　② –150 ℃　③ –200 ℃　④ –250 ℃

　ネオンサインで知られるネオン Ne は、放電管中で赤橙色に光る気体です．しかし、光るのはネオンだけでなく、ほかの多くの気体も放電管中で固有の色をだします．空気 1 立方メートル中にネオンは 18 ミリリットルある無色・無臭の貴ガスです．工業的には空気を液化して分留してつくります．純粋なネオンガスを冷やすと –246.1 ℃で液化し、–248.7 ℃で凝固します．

　表にあるように、貴ガス類はすべて単原子分子で、共通して沸点と融点が低いという特徴があります．周期表ですぐ左横にあるハロゲン類と比べると、これらの温度はかなり低い値です．その理由は、貴ガス類では原子間のファンデルワールス引力がとても弱いため、凝集しにくいからです．また表から、原子半径が小さいほど融点と沸点は下がり、やはりファンデルワールス引力の影響がうかがえます．地球大気に存在するネオンの総量は 650 億トンと見積もられます．

貴ガス類の性質の比較

元素	He	Ne	Ar	Kr	Xe
原子番号	2	10	18	36	54
原子半径*	122	160	191	198	216
沸点（℃）	–268.9	–246.1	–185.9	–152.3	–108.1
融点（℃）	–272.2	–248.7	–189.2	–156.6	–111.9

＊ファンデルワールス半径．1 pm = 1 × 10^{-12} m．He の融点は加圧下での値．
出典：原子半径は Emsley（1991）より．沸点・融点は、桜井弘編、『元素 118 の新知識』講談社（2017）より．

A ④ –250 ℃．

Q06

高価な金メダルを溶かして隠した学者は，だれでしょう？

① ボーア　② フランク　③ ラウエ　④ ヘベシー

物理学者マックス・フォン・ラウエ（1879-1960）はX線結晶構造解析法を開発して1914年にノーベル物理学賞を得ました．ところが，彼はジェイムス・フランク（1882-1964，1925年ノーベル物理学賞，熱放射の研究者）とともに，ナチス政権を批判して目をつけられました．ナチスによるノーベル賞の金メダルはく奪を恐れた2人は，メダルをコペンハーゲンのニールス・ボーア（1922年ノーベル物理学賞，原子核の理論研究者）に預けました．ボーアの研究所にいたユダヤ人学者ゲオルク・ド・ヘベシー（1943年ノーベル化学賞，ハフニウム Hf 発見者）は，化学者ならではの発想で，2人の純金メダルを王水（濃塩酸と濃硝酸の体積比3：1混合液）に溶かしてナチスの捜索に備えました．終戦後，研究所に戻ったヘベシーは，この王水液が無事であるのを見つけ，そこから金を抽出しました．ノーベル財団は，その純金でメダルをつくり，ラウエとフランクに再贈呈したのです．

$$Au + NOCl + Cl_2 + HCl \longrightarrow H[AuCl_4] + NO$$

▲王水に金が溶ける反応式
金は王水中で Au^{3+} になり，4個の Cl^- イオンにとり囲まれて溶ける．

▲ノーベル賞金メダルを王水に溶かして隠したヘベシー

元素検定 LEVEL 5 ● 161

Q 07 炭素とある元素からなる物質は，ダイヤモンドに近い硬さをもっています．どの元素でしょう？
① 白金　② 鉄　③ ケイ素　④ ホウ素

昔からホウ素 B はゴキブリ退治に使われています．玉ねぎのようなゴキブリの好物のなかにホウ酸を練り混ぜた「ホウ酸だんご」をゴキブリが食べると脱水症状を起こして死ぬ，といわれています．また，主成分が酸化ケイ素 SiO_2 であるガラスに酸化ホウ素 B_2O_3 を添加すると，急冷却や急加熱に強く細工しやすいホウケイ酸ガラスになります．

ホウ素の低密度・高融点という性質を活かして，クロム Cr，ジルコニウム Zr，チタン Ti などと合金をつくり，スペースシャトルやロケットのノズルの材料としても利用されています．

ホウ素と炭素 C からなる炭化四ホウ素 B_4C は，とても硬い物質で，その硬度はダイヤモンドにつぐ硬さといわれています．たとえば，硬さを 15 段階であらわしたモース硬度では，ダイヤモンドが 15 であるのに対して，炭化四ホウ素はそれにつぐ 14 の硬さです．

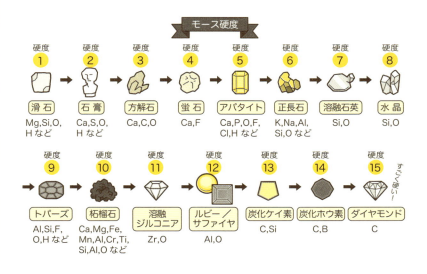

A ④ ホウ素

162 ●元素検定

LEVEL5 Q08

遷移元素の酸化物の融点はたいてい高温ですが，例外的に非常に低い元素の酸化物があります．どの元素でしょう？
① **ルテニウム** ② **ロジウム** ③ **パラジウム** ④ **オスミウム**

ルテニウム Ru，ロジウム Rh，パラジウム Pd，オスミウム Os，イリジウム Ir，白金 Pt の 6 つの金属は「白金族」とよばれています．融点は，パラジウム（1552 ℃），白金（1769 ℃），ロジウム（1960 ℃），ルテニウム（2333 ℃），イリジウム（2443℃），オスミウム（3045℃）の順です．酸化物の安定性は Pt < Pd < Ir < Rh < Ru < Os で，四酸化オスミウムがもっとも安定な酸化物です．

四酸化オスミウムは，これらの酸化物のなかではもっとも揮発性が高く，沸点 130 ℃，融点が 40.3 ℃と非常に低いという特徴があります．特有の刺激臭をもつ強い酸化剤で，可燃性や還元性の物質と速やかに反応します．有機化合物の合成でもよく使われますが，毒性が強く，吸い込んだり皮膚に触れたりすると，かなり危険です．

白金族元素の性質

	Ru	Rh	Pd	Os	Ir	Pt
原子番号	44	45	46	76	77	78
単体の価格 (100 gあたり)	1,400$	13,000$	15$	7,700$	4,200$	4,700$
原子半径(pm)	134	134.5	137.6	135	135.7	138
共有結合半径(pm)	124	125	128	126	126	129
密度(g/cm^3)	12.100	12.400	12.020	22.590	22.560	21.450
融点（℃）	2333	1963	1552	3045	2443	1769
沸点（℃）	4147	3695	2964	5012	4437	3827
空気中での安定性	常温では安定，700℃以上で酸化され，RuO_2を生じる	常温の乾燥空気では安定．高温では徐々に酸化されてRh_2O_3を生じるが，さらに高温で金属 Rh に戻る	常温では反応しない	高温では酸化されてOsO_4を生じる．微粉末状態では常温でも酸化される	常温では反応しない．800℃以上で酸化されてIrO_2を生じる	反応しない
酸化物	RuO, Ru_2O_3, RuO_4	Rh_2O_3	PdO	OsO_2, OsO_4	IrO_2	PtO_2
塩化物	$RuCl_2$, $RuCl_3$	$RhCl$, $RhCl_3$	$PdCl_2$	$OsCl_4$	$IrCl_3$	$PtCl_2$, $PtCl_4$
硫化物	RuS		PdS			PtS_2
おもな酸化数	+8, +7, +5, +4, +3, +2	+4, +3, +2, +1	+4, +2	+8, +4, +3, +2	+5, +4, +3, +2	+4, +2

（④ オスミウム）

元素検定 LEVEL 5　163

Q09 1916年に本多光太郎らによって発明されたKS鋼の重要な成分元素は，どれでしょう？
① ロジウム　② ジスプロシウム　③ コバルト　④ ネオジム

KS鋼は，コバルトCo，タングステンW，クロムCr，炭素Cを含む鉄Feの合金であり，1916年に東北帝国大学の本多光太郎（1870-1954）らによって発明されました．当時，世界最強の永久磁石鋼として脚光をあび，第二次世界大戦中にはナチスドイツが磁気機雷をつくるのに利用したといわれています．1931年には，KS鋼の2倍の保磁力をもつMK鋼が三島徳七（1893-1975）らによって開発されました．これは，鉄とニッケルNi，アルミニウムAlを主成分としています．その後，再び本多らは1934年に，さらに強力な保磁力をもつ新KS鋼を発明しました．KS鋼の4倍ほどの保磁力をもつ新KS鋼は，コバルト，アルミニウム，ニッケル，銅Cu，チタンTiを含む鉄の合金です．KS鋼の名前は本多らに研究費を与えた住友吉左衛門のイニシャルに由来しています．

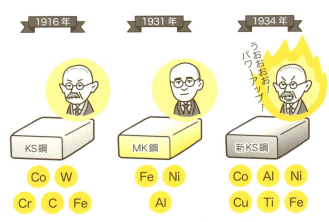

▲世界最強の永久磁石鋼をめぐり繰り広げられた競争

A ③ コバルト

貴ガスのなかで，炭素と結合して化合物が合成されている元素は，どれでしょう？

① ヘリウム　　② ネオン　　③ アルゴン　　④ キセノン

第18族元素のヘリウムHe，ネオンNe，アルゴンAr，クリプトンKr，キセノンXe，ラドンRnは貴ガスとよばれ，最外殻が2個あるいは8個の電子で満たされているため，結合をつくらない不活性ガスと考えられてきました．しかし，キセノンやクリプトンなどのような重い貴ガスは化合物をつくります．

最初の貴ガス化合物として，1962年にヘキサフルオロ白金酸キセノン$XePtF_6$が合成されました．1933年にライナス・ポーリング（1901-1994）によって存在が予想されたキセノン酸H_2XeO_4は，1960年代に存在することが示されました．1989年に$[C_6F_5Xe]^+[BF(C_6F_5)_3]^-$というイオン対が合成されてから，いろいろな2価および4価の有機キセノン化合物が合成され，貴ガスでも有機化合物ができると実証されました．2003年には，はじめての有機クリプトン化合物$HC{\equiv}CKrH$が合成されています．

また，珍しい化合物としては，貴ガスを内包するフラーレン化合物（Ne@C_{60}，Ar@C_{60}，Kr@C_{60}，Xe@C_{60}，Ne@C_{70}，Ar@C_{70}，Kr@C_{70}，Xe@C_{70}など）も知られています．

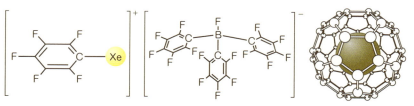

▲はじめての安定な有機貴ガス化合物　　▲貴ガス内包フラーレン

Q11 プラスチックやゴム，繊維などを燃えにくくするために加えられる化合物にふくまれる元素は，どれでしょう？
① アンチモン　② 硫黄　③ スズ　④ 銀

　プラスチックや繊維など有機物を主成分とする化成品は，日常の生活には欠かせません．しかし，これらは「燃えやすい」という欠点があります．そこで，これら化成品を燃えにくくする難燃剤という物質を加えて製品をつくります．

　リン P や硫黄 S はマッチにも使われるため，燃えやすい元素と思われがちですが，リンや硫黄，窒素 N，ハロゲン類をふくむ有機化合物からなる有機難燃剤も知られています．マグネシウム Mg など金属の水酸化物や，ハロゲン化合物とアンチモン Sb を混合して用いる無機難燃剤もあります．臭素 Br をふくむ芳香族化合物と三酸化アンチモンを混ぜ込むと，相乗効果でプラスチックや樹脂，繊維，紙などがとても燃えにくくなります．

　最近では，環境への配慮から，水酸化アルミニウムなど金属水酸化物を活用して毒性のある三酸化アンチモンやハロゲン元素を使わない難燃剤の開発が進み，アンチモン化合物はあまり使われなくなりました．

▲難燃材をふくむ製品
カーペットやカーテンには難燃材が加えられていることもある．

A ① アンチモン

Q12

ジエチル亜鉛など有機亜鉛化合物をつくり，ヘリウムの共同発見者でもあるイギリスの化学者は，だれでしょう？

① R・ブンゼン　② E・フランクランド　③ A・ケクレ
④ H・E・フィッシャー

現在では，グリニャール反応剤とよばれる有機マグネシウム臭化物が有機合成によく利用されていますが，1900年以前はジエチル亜鉛などの有機亜鉛化合物が用いられていました．イギリスの科学者エドワード・フランクランド（1825-1899）は最初の有機亜鉛化合物としてジエチル亜鉛を発見しました．有機亜鉛化合物は空気中で自然発火するため取り扱いが困難でしたが，逆にこの性質から，点火プラグのないロケットの燃料点火剤として活用されました．

フランクランドは，ブンゼンバーナーをつくったブンゼンのもとで研究し，ヒ素化合物をはじめとする有機金属化合物研究で多くの成果をあげました．また，太陽光のスペクトルを分析して，ヘリウムの発見の一端を担い，ギリシャ語で「太陽」を意味する「ヘリウム」という元素名の名づけ親の一人です．

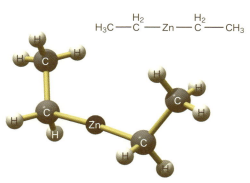

▲ジエチル亜鉛

A ② E・フランクランド

元素検定 LEVEL 5 ● 167

LEVEL 5
Q13

NASAの火星探査機のアルファ粒子X線分光器に組み込まれ，土や岩石，隕石の元素分析に用いられた元素は，どれでしょう？
① トリウム　② ウラン　③ キュリウム　④ ノーベリウム

アルファ粒子X線分光器は，放射性キュリウムCmから放出されるアルファ粒子を岩石などに照射して，散乱されるアルファ粒子や核反応で生じる陽子，励起した原子からの蛍光X線を分析することにより，試料の構成元素を調べることができます．自発的に放射性壊変するキュリウムの同位体を用いると線源を軽量化し，消費電力を抑えることができるため，これまで火星探査機に組み込まれてきました．

　1967年，月探査機サーベイヤー5号でおこなわれた月面の岩石の化学分析には，キュリウム242（^{242}Cm）が用いられ，岩石を構成する元素の組成や割合が求められました．

　30年後，火星探査機マーズ・パスファインダーによる岩石の組成分析に用いられたのは，別の同位体^{244}Cmでした．2004年にも火星探査機オポチュニティに^{244}Cmを線源とする分光器が搭載され，隕石などの分析がすすめられています．

マーズ・パスファインダー
アルファ粒子X線分光器

A ③ キュリウム

168 ●元素検定

Q14 カリホルニウムやアインスタイニウム，フェルミウムなどの発見に用いられた化学分離法は，どれでしょう？
① 液体クロマトグラフィー　② ガスクロマトグラフィー
③ 分別沈殿法　④ 電気分解法

アインスタイニウム Es とフェルミウム Fm は，1952 年，人類初の水爆実験のあと，大気に浮遊しているちりのなかから発見されました．起爆剤に使われていたウラン 238（^{238}U）が瞬時に多数の中性子を吸収し，その後ベータ壊変を繰り返してウランよりも大きな原子番号をもつアクチノイドの新しい元素が生成しました．この新元素をふくんだクエン酸アンモニウム溶液を，陽イオン交換樹脂を詰めたカラムに通すと，原子番号の大きなアクチノイドから順番に溶けだしていきます．この分離法を液体クロマトグラフィーといいます．アクチノイドのような化学的な性質が非常によく似た元素どうしを分離するのに有効な方法です．

溶けだした液滴のアルファ線を計測したところ，アインスタイニウムとフェルミウムが発見されました．ガスクロマトグラフィーや分別沈殿法，電気分解法も代表的な化学分離法で，それぞれの特徴を活かしてさまざまな元素の分離がおこなわれています．

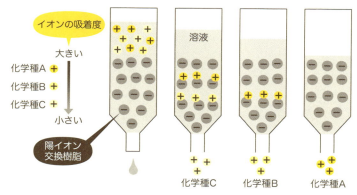

▲陽イオン交換クロマトグラフィーの原理
異なる化学種の混合物を，陽イオン交換樹脂に対する吸着度のちがいを利用して，それぞれを分離できる．吸着度の小さな化学種ほど早く溶けだし，吸着度の大きな化学種ほど遅く溶けだす．

A ① 液体クロマトグラフィー

Q15 天然に存在する放射性壊変系列のなかで，現在は消滅してしまった系列は，どれでしょう？

① トリウム系列　② アクチニウム系列　③ ウラン系列
④ ネプツニウム系列

天然に存在する放射性核種のなかには，地球がつくられた45億年前から存在し，長寿命のために放射性壊変によって消失せずに現在までに残っているものがあります．ウラン238（^{238}U），ウラン235（^{235}U），トリウム232（^{232}Th）の3核種は，壊変系列をつくって多数の放射性核種を生みだしています．それぞれ，ウラン系列，アクチニウム系列，トリウム系列とよばれ，最終的に安定な鉛206（^{206}Pb），鉛207（^{207}Pb），鉛208（^{208}Pb）に壊変します．

長寿命のネプツニウム237（^{237}Np）の発見によって，^{237}Npが同様な壊変系列をつくっていたことがわかりました．ネプツニウム系列は，^{237}Npからはじまって安定なタリウム205（^{205}Tl）で終わります．しかし地球の歴史から考えれば，^{237}Npの半減期2.14×10^6年はとても短く，現在では消失しています．ネプツニウム系列にある核種の質量数は，$4n+1$（nは整数）であらわすことができます．

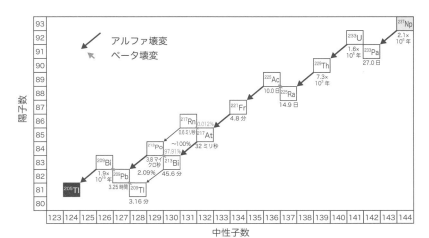

▲ネプツニウム系列の壊変図
太い矢印は，壊変のおもな経路を示す．

A ④ ネプツニウム系列

LEVEL 5 Q16

2016年に放射性医薬品として承認された塩化ラジウム（^{223}RaCl$_2$）の用途は，どれでしょう？

① 前立腺がんの骨転移治療　② 甲状腺機能の診断
③ がんの早期発見　④ 脳血流の診断

放射性医薬品として，ラジウム223塩化物（^{223}RaCl$_2$）の日本国内での利用が2016年に始まりました．^{223}RaCl$_2$は骨転移があり，多臓器転移のない去勢抵抗性前立腺がんに対してはじめて延命効果を示した放射性医薬品です．ラジウムRaは周期表上でカルシウムCaと同じ族であるため，骨の代謝が活発になっているがんの骨転移部位では，骨形成の材料として腫瘍の近くに特異的に集積します．

ラジウム223（^{223}Ra）は，半減期11.43日でラドン219（^{219}Rn）にアルファ壊変し，その後も安定な鉛207（^{207}Pb）に至るまで，4つのアルファ粒子と2本のベータ線をつぎつぎに放出します．このうち，とくにアルファ粒子は高いエネルギーをもち，その飛程は細胞10個程度以下と非常に短く，近隣の正常細胞よりははるかに高い確率で目的の腫瘍細胞を死滅させることができます．

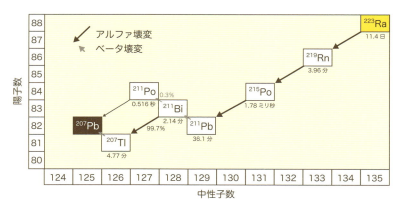

▲ ^{223}Raの壊変図
太い矢印は，壊変のおもな経路を示す．

A ① 前立腺がんの骨転移治療

元素検定 LEVEL 5 ● 171

LEVEL 5 Q17　超重元素ではじめて有機金属錯体が合成された元素は、どれでしょう？
① ラザホージウム　② ドブニウム　③ シーボーギウム
④ ボーリウム

　金属と炭素の結合をもつ錯体を有機金属錯体といいます．超重元素初の有機金属錯体は，2014年に日本の理化学研究所のRIビームファクトリーで合成されました．日本とドイツを中心とする国際共同研究グループは，重イオン線形加速器から得られる原子番号10のネオン22（^{22}Ne）ビームを原子番号96のキュリウム248（^{248}Cm）標的に照射し，核融合反応によって原子番号106のシーボーギウムSgの同位体（^{265}Sg）を合成しました．

　^{265}Sgの半減期はたった10秒程度です．^{265}Sgは，気体充填型反跳核分離装置で一瞬のうちに質量分離され，ヘリウムHeと一酸化炭素COの混合ガス中でカルボニル錯体となり，低温ガスクロマトグラフ装置を使って化学分析をしました．その結果，シーボーギウムが周期表の第6族元素であるモリブデンMoやタングステンWと同様に，揮発性の高いヘキサカルボニル錯体$Sg(CO)_6$を形成することがわかりました．

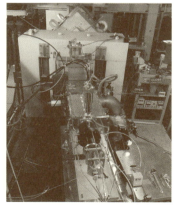

▲理化学研究所の気体充填型
　反跳核分離装置
　（写真提供：理化学研究所）

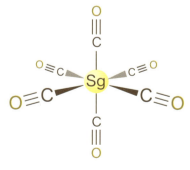

▲シーボーギウムのカルボニル
　錯体の構造（予測）

A ③ シーボーギウム

172 ●元素検定

Q18 放射性壊変が確認されていないもっとも重い元素は，どれでしょう？

① 鉄　② 鉛　③ ビスマス　④ ウラン

長いあいだ，安定な原子核をもつもっとも重い元素は，ビスマス Bi とされてきました．しかし 2003 年，ビスマスが放射性元素であることが判明しました．質量数 209 のビスマス（^{209}Bi）は，1.9×10^{19} 年というとても長い半減期でアルファ壊変し，タリウム 205（^{205}Tl）に変化します．この発見によって，現在放射性壊変が確認されていないもっとも重い元素は鉛 Pb となりました．

鉛は，陽子数が 82 の魔法数で，質量数 204，206，207，208 の 4 つの安定同位体をもちます．鉛 208（^{208}Pb）は，中性子数も 126 の魔法数であり，とても安定な原子核です．ちなみに，現在知られているもっとも長寿命の放射性核種は，テルル 128（^{128}Te）で，その半減期はなんと 2.2×10^{24} 年です．^{128}Te は，ベータ線を 2 つ同時に放出するという珍しい壊変（二重ベータマイナス壊変）によって，原子番号が一度に 2 つ大きくなり，キセノン 128（^{128}Xe）に変化します．

放射性同位体の長寿命ランキング

順位	放射性同位体	半減期（年）	壊変様式
1	テルル 128（^{128}Te）	1.9×10^{24}	二重ベータマイナス壊変
2	カドミウム 116（^{116}Cd）	2.8×10^{19}	二重ベータマイナス壊変
3	ジルコニウム 96（^{96}Zr）	2.3×10^{19}	二重ベータマイナス壊変
4	ビスマス 209（^{209}Bi）	1.9×10^{19}	アルファ壊変
4	カルシウム 48（^{48}Ca）	1.9×10^{19}	二重ベータマイナス壊変／ベータマイナス壊変
6	ネオジム 150（^{150}Nd）	9.1×10^{18}	二重ベータマイナス壊変
7	モリブデン 100（^{100}Mo）	7.3×10^{18}	二重ベータマイナス壊変
8	タングステン 180（^{180}W）	1.8×10^{18}	アルファ壊変
9	バナジウム 50（^{50}V）	1.4×10^{17}	電子捕獲壊変／ベータマイナス壊変
10	カドミウム 113（^{113}Cd）	8×10^{15}	ベータマイナス壊変

Karlsruher Nuklidkarte（2015）より．

（答え ② 鉛）

元素検定 LEVEL 5

Q19
原子核の安定な島に存在すると予想される核種はどれでしょう？

① フレロビウム 298 　② ハッシウム 263
③ レントゲニウム 272 　④ シーボーギウム 260

陽子と中性子で原子核を構成するとき，引力である核力と反発力であるクーロン力のバランスが重要です．原子核の陽子と中性子には，安定になる特定の数があります．魔法数とよび，両方ともその数（二重魔法数）になる原子核，たとえば質量数 208 の鉛（陽子数 $Z = 82$, 中性子数 $N = 126$）は非常に安定になります．次に大きな魔法数は $Z = 114$, $N = 184$ と予想されていて，原子番号 114 で，質量数 298 の二重魔法数の原子核は，ほかの超重元素と比べて安定で半減期が長い可能性があります．くわしい計算によると，この魔法数のまわりにも比較的安定な原子核があることが予想されています．

図は横軸を中性子数，縦軸を陽子数にとった核図表の一部を示したものです（核図表の全体像は p.65 の LEVEL2-13 を参照）．

この図で右斜め上方向に伸びた従来知られている原子核と離れたところにあるのが，安定な原子核が存在する領域で，「安定の島」とよばれるものです．現在，安定の島で中心を占めると考えられているのがフレロビウム 298（^{298}Fl）などです．

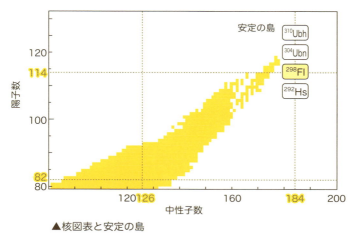

▲核図表と安定の島

(A ① フレロビウム298)

LEVEL5 Q20

ハードディスクの磁気記録層に微量加えられ，磁気記録密度の向上に貢献している元素は，どれでしょう？
① **ネオジム**　② **マンガン**　③ **ルテニウム**　④ **ロジウム**

　いまでは，コンピュータやテレビの録画デッキなどで使われ，私たちの便利な暮らしに欠かすことのできないハードディスクは1956年にアメリカのIBM社ではじめて開発されました．

　磁気記録の記録密度[*1]を上げるためには，1ビットあたりの記録領域のサイズを小さくする必要があります．ところが，そうすると熱ゆらぎ[*2]の影響が大きくなってしまいます．磁性層を多層構造にして厚さをかせぎ，体積を増やせば，1ビットあたりの面積を小さくしても，熱ゆらぎを抑えることができます．ここで，表面の磁気記録層の下にルテニウムRuをはさんで，安定化層を2層配置します．ルテニウムは磁性層の磁化の向きを下の層には反対向きに伝える効果があり，安定化層では磁化が相殺して，表面の磁気記録層だけの磁化が磁気記録に使え，かつ熱ゆらぎを抑える効果が得られます．

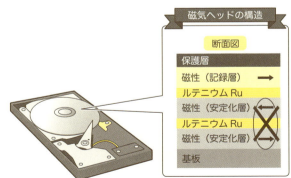

[*1] 記録密度：ハードディスクや磁気テープなどで，情報を記録する面密度．ディスクのサイズが同じで，記録密度を大きくできると，記録できる総情報量を増大させることが可能になる．
[*2] 熱ゆらぎ：磁気ビットなどの微小な磁性体では，磁化の向きを安定化させるエネルギーが熱エネルギーと同じくらいの大きさになるため，磁化の方向がゆらぐ現象．

A ③ (ルテニウム)

元素検定 LEVEL 5　175

ガラス細工をするときに高温で赤熱しているガラスを見るときにかけるメガネにふくまれる元素は，どれでしょう？
① プラセオジム　② ユウロピウム　③ イッテルビウム
④ エルビウム

ランタノイドは 4f 軌道にある電子間で励起が起こることで，特定の波長をもつ光を吸収する性質があり，そのイオンをふくむ物質や水溶液は特有の色をもちます．4f 軌道はその外側をほかの軌道で守られているため，隣り合う原子の振動などの影響を受けにくく，幅の狭い吸収スペクトルを示します．この性質を利用して，ガラス細工など，いわゆるバーナーワークの作業時に，高温で赤熱したガラスからの強い発光を吸収，カットをするのがジジミウムガラスを使ったメガネです．

ジジミウムとはプラセオジム Pr とネオジム Nd の混合物で，それぞれの元素が単離されるまでは，ひとつの元素と考えられていました．ジジミウムガラスは薄いブルーで，とくに熱せられたガラス中にふくまれるナトリウム Na の発する強い黄色の発光を選択的に吸収するフィルターとして働きます．ジジミウムガラスのメガネを装着して作業すると，高温でのガラス細工を安全におこなうことができます．

（① プラセオジム）

> **Q22** 原油の探査や爆発物の検査に使う放射化分析法の中性子源として用いられる元素は，どれでしょう？
> ① アメリシウム　② プルトニウム　③ カリホルニウム
> ④ アインスタイニウム

カリホルニウム252（^{252}Cf）はすべての壊変のうち3.1％が自発核分裂で，1核分裂あたり，平均3.76個の中性子を放出します．つまり，1回の壊変で約0.1個の中性子を放出するわけです．この割合はとても大きなもので，ほかの中性子源であるアメリシウム241（^{241}Am）とベリリウムBeを利用した^{241}Am/Be線源と比べると2000倍も大きく，実際に利用するうえでたいへん有用です．^{252}Cfが放出する中性子の平均エネルギーは約2メガ電子ボルトです．

カリホルニウム252の用途としては，熱中性子ラジオグラフィ（航空機など），放射化分析（遅発ガンマ線測定），中性子捕獲ガンマ線分析などの即発ガンマ線測定（手荷物の爆発物検査），中性子吸収・散乱・減速などの応用計測（水分計による地下水の流速，向きの測定）といったものがあります．日本では野外の工事現場での吸収・散乱・減速による検査での利用がもっとも多くなっています．

▲カリホルニウムの用途
中性子捕獲ガンマ分析では，破壊しなくても，より詳しく内部の様子がわかる．

元素検定 LEVEL 5　177

Q23 原子番号の大きい重金属元素なのに，その化合物が胃潰瘍などの薬として使われているのは，次のどれでしょう？
① タリウム　② ビスマス　③ スズ　④ アンチモン

古くから次硝酸ビスマス（$Bi_2O_3 \cdot N_2O_5 \cdot 2H_2O$）は胃潰瘍や十二指腸潰瘍，慢性胃炎などの治療薬として用いられてきました．それは，この化合物が潰瘍面に付着して患部をおおい，粘膜への刺激を防ぐ作用があるためです．

ほかにも，次硝酸ビスマスは大腸内の細菌による異常発酵で生じた硫化水素ガス H_2S と結合し硫化ビスマスとなって，硫化水素ガスの刺激による腸運動を抑える「止しゃ作用」があるため，下痢の薬としても使われています．また，胃潰瘍や十二指腸潰瘍の病原菌であるヘリコバクター・ピロリの除菌にも，ビスマス化合物と抗生物質からなる併用療法が有効と報告されています．ただし，長期にわたり投与すると，精神神経系障害が現れるおそれも指摘されています．

ビスマス 209（^{209}Bi）はとても安定な同位体であり，原子番号 83 番のビスマスが安定同位体の存在するもっとも原子番号の大きな元素とされてきました．ところが，精密な測定をしたところ，2003 年に ^{209}Bi も非常に長い半減期（〜1000 京年：1000 兆年の 1 万倍）をもつ放射性同位体であることがわかりました．現在，安定同位体の存在するもっとも原子番号の大きい元素は鉛 Pb となっています．

（ズマスビ ②：A）

Q24 その酸化物が優れた誘電体材料としてスマートフォンなどに使われている元素は，次のどれでしょう？
① イリジウム　② レニウム　③ ハフニウム　④ ニオブ

　現在の半導体メモリ DRAM の世界では数 10 ナノメートルのサイズまでの素子の小型化が実現されています．ケイ素 Si を基本とした半導体では二酸化ケイ素 SiO_2 が絶縁体，あるいは誘電体として使われてきました．このケイ素の酸化物が，電気をどれだけ蓄えられるかという性能を示す指数（誘電率）は 3.9 です．一方，酸化ハフニウム HfO_2 の誘電率は 25 で，二酸化ケイ素の 6 倍も大きくなっていて，蓄えられる電荷量も大きくでき，高性能化に有利です．実際に HfO_2 などのいわゆる high-$κ$（高誘電率）材料を用いた電界効果トランジスター（MOSFET）がスマートフォンやデジタルカメラの高性能化に重要な役割を果たしています．

　また HfO_2 は，新しい強誘電体材料としても注目されています．強誘電体は電界を切っても電気を蓄えておける性質をもった物質で，コンデンサなどがおもな用途です．ケイ素などの添加物を加えた HfO_2 は強誘電体の性質をもっています．従来は，チタン酸バリウムやチタン酸鉛といった化合物が使われてきましたが，それらの材料が強誘電性をもつためには数百ナノメートルほどの厚さが必要でした．HfO_2 の優れたところは，従来の材料に比べて，10 分の 1 以下の厚さで強誘電性を示すことです．そのため，電子素子の大容量化に適したサイズの縮小化が可能になり，強誘電体メモリへの応用が期待されています．

スマートフォン

デジタルカメラ

A ③ ハフニウム

Q25

リチウムに水滴がつくとおだやかに水素を発生し，セシウムに水滴がつくと爆発がおこります．どれで説明できるでしょう？

① 融点　② 電子親和力　③ イオン化エネルギー　④ 電気陰性度

第1族のアルカリ金属元素が水と反応して水素ガスを放出する反応は，元素が大きくなるにつれて激しくなります．反応の高さは，原子がどれほど容易に電子を放出できるかに関係します．

ある元素の原子1個から陽イオンをつくるに必要なエネルギーは，イオン化エネルギーとよばれます．図は，元素の第一イオン化エネルギー（eV）を周期表上に立体的に示したものです．第3族から第18族に向かってイオン化エネルギーは大きくなり，また周期が増えるとイオン化エネルギーは小さくなっていきます．一方，第1族元素では，リチウム Li からセシウム Cs にかけてイオン化エネルギーが小さくなります．原子から電子を引き離すのが容易になるわけです．つまり，原子が大きくなるほど，原子核の陽電荷の影響が低下し，最外殻電子が引き離れやすくなるためです．

$$A + H_2O \longrightarrow \frac{1}{2} H_2O + A^+ + OH^-$$

（A はアルカリ金属元素）

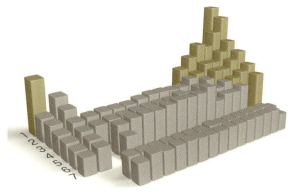

▲元素の第一イオン化エネルギー（eV：エレクトロンボルト）

もっとも奥の高い柱は，ヘリウム．第1族元素は一番手前．たて軸の単位はエレクトロンボルト〔CRC Handbook of Chemistry and Physics 95th Edition, 2014-2015, 10-197 のデータを採用して作成〕．

A ③ イオン化エネルギー

Q26

高温になると水蒸気や水と反応して，酸化物と水素を生成する元素は，どれでしょう？
① ジルコニウム　② カルシウム　③ ハフニウム
④ ゲルマニウム

2011年3月の東京電力福島第一原子力発電所の事故では，地震と津波により，すべての電源が失われ，炉心の冷却ができなくなりました．このため，燃料棒の温度が上がり，燃料棒の被覆管に使われていたジルコニウムが水と反応して水素を発生し，爆発しました．

ジルコニウムは地殻に 190 ppm ほど存在し，資源としてよく利用されています．その理由は，耐食性と機械的強度に優れ，高温にも強いからです．スペースシャトルの先端部分には，酸化ジルコニウムが使われていました．さらに，中性子をほとんど吸収しないため，ジルコニウム合金（ジルカロイ）でできた燃料棒としても使われています．

金属ジルコニウムは室温では安定ですが，高温では窒素 N_2 中でも水と反応して，水素 H_2 を発生する特異な性質があります．また，ジルコニウムは酸素分子 O_2，水素分子 H_2，窒素分子をよく吸収します．1000 ℃では，自身の体積が膨張するのが目に見えるくらいです．

ジルコニウムを加えたセラミックスは硬くて耐熱性にすぐれているため，包丁，ナイフ，ハサミ，ゴルフクラブなどに用いられています．ジルコニウムは日常的にもなじみ深い元素です．

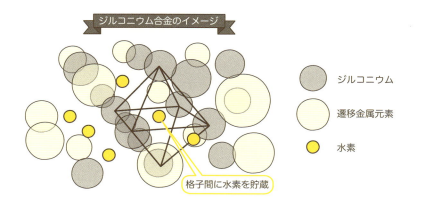

ジルコニウム合金のイメージ

元素検定 LEVEL 5 ● 181

Q27

水銀は常温（25℃）で液体であることを説明できる要素は，どれでしょう？

① 沸点　　② 融点　　③ 凝固点　　④ 等電点

自然界に存在する元素のうち約4分の3は，単体が金属です．金属は，たとえば鉄 Fe のように常温では硬い固体ですが，水銀 Hg だけは常温で液体です．水銀の融点は −38.47℃であり，もっとも高い融点をもつ元素はタングステン W の 3407℃です．

表に，水銀とタングステンの電子配置と 5d 軌道の電子数を示しています．水銀の 5d 軌道には 10 個の電子があり，安定な状態で，自由電子がなく，電子は放出されにくくなっています．一方，タングテンの 5d 軌道の電子数は 4 個です．自由電子があるために電子は原子間を自由に飛び回ることができ，金属の性質があらわれてきます．この 5d 軌道の電子数のちがいが，金属結合半径や金属結合エネルギーの差となってあらわれ，結果的に融点の大きな差となっているのです．

水銀とタングステンの比較

	水銀（Hg）	タングステン（W）
電子配置	$[Xe]4f^{14}5d^{10}6s^2$	$[Xe]4f^{14}5d^46s^2$
5d 軌道の電子数	10	4
金属結合半径（Å）	1.502	1.370
金属結合エネルギー（$/10^5$ Jmol^{-1}）	0.7	8.2
融点（℃）	−38.87	3407

（答え ② 融点）

182 ●元素検定

Q28 (LEVEL5)
細胞内のカルシウムイオンとマグネシウムイオンの濃度比は，どれくらいでしょうか？

① 100 対 1　② 1 対 100　③ 1 対 1 万　④ 1 万対 1

カルシウム Ca が必須元素であることは，1748 年に骨にカルシウムとリン P が発見されたことによっています．一方，マグネシウム Mg は 1915 年に血液にあることが見つかりました．さらに 1926 年には，マグネシウムが欠乏するとイヌやラットが痙攣を起こし，マグネシウムを与えるとただちに治るため，必須性が知られるようになりました．

カルシウムとマグネシウムの体内濃度や細胞内濃度が測定されると，不思議なことが見つかりました．カルシウムの人体中の量はマグネシウムの約 10 倍あるのに対し，細胞内のカルシウム濃度はマグネシウムの約 1 万分の 1 しかありません．そこで，細胞膜にはポンプのような機構があるのではないかと考えられてきましたが，カルシウムがなぜ低い量で保たれているのるかは謎のままでした．

最近，カルシウムが貯えられている小胞体*のなかのある酵素 (ERdj5) の活性が落ちるとカルシウムが小胞体に取り込まれにくくなることがわかり，この酵素がカルシウムの細胞内濃度を調節するポンプの役割をしているのではと提案されています．

カルシウムとマグネシウムの比較

	カルシウム（Ca）	マグネシウム（Mg）
元素の発見〈単離〉	1808 年（デービー）	1808 年（デービー）
必須性の発見	1748 年（骨の成分）	1915 年（血液の成分） 1926 年（不足で痙攣）
人体中の濃度 （g/Kg 体重）	15（全元素の 1.5%）	0.5（全元素の 0.05%）
血液中の濃度（ppm）	60 〜 80	40
細胞内の濃度（mM）	0.0001	10

小胞体：細胞内の小器官のことで，タンパク質の合成やステロイドなどの脂質を合成する役割をもっています．

（A ③ 1 万対 1）

元素検定 LEVEL 5 ● 183

LEVEL5 Q29 鉱物界からはじめて発見されたアルカリ金属元素は，どれでしょう？
① **ケイ素**　② **タングステン**　③ **リチウム**
④ **ストロンチウム**

　っとも軽い金属元素は，18世紀のはじめにブラジルの科学者アンドラダ・エ・シルバ（1763-1838）が見つけた二つの鉱石，リチア輝石とペタル石（ペタライト）から見つかっています．マーチン・ハインリッヒ・クラップロート（1743-1817）とヨハン・ネポムク・フォン・フクス（1774-1856）は，リチア輝石の粉がバーナーの炎を赤く変化させることを見つけていました．イェンス・ヤコブ・ベルセーリウス（1779-1848）の弟子ヨアン・オーガスト・アルフェドソン（1792-1841）は，1817年にペタル石を分析し，新しい元素を見つけました．師に相談して，はじめて鉱物界から発見された元素であることに由来して，ギリシャ語の「石（*lithos*）」からリチウム Li と名づけました．それまでに発見されていたアルカリ金属元素のナトリウム Na とカリウム K は，ともに植物界に由来する元素でした．

　1818年の終りごろ，ハンフリー・デービー（1778-1829）は少量の純粋なリチウムを単離しました．リチア輝石の化学式は $LiAlSi_2O_6$，ペタル石は $LiAlSi_4O_{10}$ で示され，互いによく似た化学組成であらわされています．

▲ペタル石
〔写真提供：豊 遙秋博士（京都大学総合博物館所蔵）〕

(A ③ リチウム)

●元素検定

Q30 静電気除去装置に使われている元素は，どれでしょう？
① タリウム　② ビスマス　③ ポロニウム　④ ガリウム

冬の乾燥した日に，化学繊維の多い衣服を脱ぐときや車から降りるときに，パリパリした音や皮膚がピリリとすることがあります．これらは日常経験する静電気です．ハードディスクや半導体などの生産現場などでは，静電気対策が大きな問題となります．この静電気を除去する装置のひとつに，ポロニウム210（^{210}Po）が使われています．この装置は生産現場で用いられています．

^{210}Poはウラン系列の核種のひとつで，半減期138日でアルファ壊変して安定な鉛206（^{206}Pb）となります．アルファ粒子が空気分子と衝突すると，空気分子から電子が弾き飛ばされてプラスイオンとなり，飛びでた電子はほかの空気分子と結合してマイナスイオンなります．つまり，プラスとマイナスのイオンが同じ数できます．ここに風を送り，イオンどうしの再結合を抑えて，静電気ができるのを防いでいるのです．装置の有効期間は，12〜13か月です．

^{210}Poは密閉された丈夫で薄い膜に閉じ込められているので，手に触れることはありません．^{210}Poはロシアのオゼルスク原子炉で，ビスマスBiに中性子を照射してつくられています．

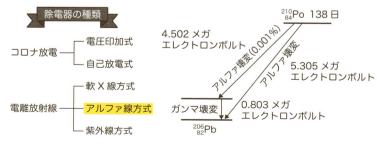

▲ポロニウム210のアルファ壊変

(A ③ポロニウム)

LEVEL 1

LEVEL 2

LEVEL 3

LEVEL 4

LEVEL 5

DATABOX
元素データボックス

- Hydrogen　ギリシャ語の「水 (hydor) + 源 (gennao)」
- 1.008　無色無臭気体　──
- キャベンディッシュ（イギリス）[1766年]
- 0.08988 g/L（気体, 0℃）　−259.14℃　−252.87℃

水素 H は 1766 年にイギリスのヘンリー・キャベンディッシュ（1731-1810）によって発見されました．亜鉛 Zn や鉄 Fe，スズ Sn に硫酸か塩酸を加えると気体が発生し，これが空気中で燃えて水になるため「燃える気体」と名づけました．この気体は，空気の 11 分の 1 の重さがあると発表しました．それから約 20 年後の 1783 年に，フランスの化学者アントワーヌ・ラボアジェ（1743-1794）によって「水素」と名づけられます．ギリシャ語の"水を生ずるもの（水＋発生）"から，フランス語で hydrogène という言葉をつくりました．英語では hydrogen です．

　キャベンディッシュは，イギリスの大貴族の家に生まれ，18 歳でケンブリッジ大学トリニティ・カレッジに入学し，物理学と数学に優れていましたが，学位をとることなく退学しました．実験室をつくり，1 人で静かに研究し，たいへんな人間嫌いで人と言葉を交わすことはめったになかったと伝えられています．水素の発見以外にも，彼の素晴らしい業績をたたえ，イギリスのケンブリッジ大学には，キャベンディッシュ研究所がつくられています．

- Helium　ギリシャ語の「太陽 (helios)」
- 4.003　無色無臭気体　クレーベ石（閃ウラン鉱の一種）
- ロッキャー（イギリス）[1871年]
- 0.1785 g/L（気体, −0.15℃）　−272.2℃（加圧下）　−268.934℃

19 世紀の後半まで，大気に未知の元素がひそんでいることは誰も知りませんでした．1868 年，フランスのピエール・ジャンサン（1824-1907）は太陽紅炎のスペクトルにナトリウム Na の黄色の輝線を発見し，D₃ 線と名づけました．イギリスの天文学者ノーマン・ロッキャー（1836-1920）は，この新しいスペクトル線は当時知られていたどんな元素にも見当たらないため，1871 年にこの元素にギリシャ語の「太陽ヘリオス」にちなんで，ヘリウム He と名づけました．物質の形で単離できず，名前が与えられたはじめての元素です．しかし 1895 年，アルゴンを発見していたイギリスのウィリアム・ラムゼー（1852-1916）は，アメリカのウィリアム・フランシス・ヒルデブランド（1853-1925）が閃ウラン鉱を熱すると化学的に不活性な気体が発生するとの発表をしたと知りました．彼は閃ウラン鉱を入手して研究し，ウィリアム・クルックス卿（1832-1919）の協力を得て，この気体が「ヘリウム」だと知ります．スウェーデンのペール・テオドール・クレーベ（1840-1905）らも，クレーベ石からヘリウムを見つけました．1898 年には，ヘリウムは地球の大気にも発見されました．ヘリウムは気体元素でありながら「〜ウム」という名前をもつ元素です．

元素データボックス ● 187

³Li リチウム

- **英語** Lithium
- **語源・由来** ギリシャ語の「石 (*lithos*)」
- **原子量** 6.941
- **単体** 銀白色金属
- **含有鉱物** ペタル石
- **発見者** アルフェドソン（スウェーデン）[1817年]
- **密度** 0.534 g/cm³ (0 ℃)
- **融点** 180.54 ℃
- **沸点** 1347 ℃

リチウム Li 発見のきっかけをつくったのは，ブラジルの J. B. de アンドラダ・エ・シルバ（1763-1838）でした．ヨーロッパを旅したときスウェーデンのウーテ島で採取した鉱物にペタル石（葉長石）やリチア輝石と名づけました．ヨーロッパの人びとはこれら鉱物を研究し，1818 年にスウェーデンの化学者ヨアン・アルフェドソン（1792-1841）が化学分析によりペタル石からリチウムを発見しました．彼は，ウプサラの高等学校で鉱山学を学び，ストックホルムの王立鉱山局を経て，25 歳のときにイェンス・ベルセーリウス（1779-1848）の研究室に入りました．あるとき，ベルセーリウスからペダル石の分析を指示されます．当時すでにナトリウム Na，カリウム K，カルシウム Ca，マグネシウム Mg が発見されていましたが，詳しく調べてリチウムを発見しました．ベルセーリウスは 1817 年にセレン Se を発見し，リチウムの発見にも功績がありましたが，寛大にもリチウムの発見はアルフェドソン 1 人の名前で発表させました．この師弟の素晴らしい信頼関係は，生涯続きました．新元素は，鉱物界からはじめて発見されたため，ギリシャ語の「石 (*lithos*)」にちなんで，リチウムと名づけられました．単体は，電気分解法で得られます．

⁴Be ベリリウム

- **英語** Beryllium
- **語源・由来** ギリシャ語の「緑柱石 (*beryllion*)」
- **原子量** 9.012
- **単体** 灰色金属
- **含有鉱物** 緑柱石
- **発見者** ボークラン（フランス）[1797 年]
- **密度** 1.8477 g/cm³ (20 ℃)
- **融点** 1287 ℃
- **沸点** 2472 ℃（加圧下）

ベリリウム Be ほどほかの元素に悩まされながら周期表の成功に結びついた元素はないでしょう．美しい宝石の緑柱石（ベリル）やエメラルドの化学的研究は 18 世紀の終わりから始まりました．ロシアのマルティン・クラップロート（1743-1817）やフランスのルイ＝ニコラ・ボークラン（1763-1829）らが成分を調べ，シリカやアルミナ，石灰そして鉄やクロムがあると見つけましたが，アルミナに隠れている存在には気づきませんでした．1797 年にボークランは，アルミナに含まれている不純物をとりだし，ミョウバンをつくらないことを見つけ，クラップロートがベリルにちなんでベリリウムと名づけました．純粋なベリリウムが単離されたのは 1928 年で，正式な命名は 1943 年です．さて，ベリリウムの化学的性質はアルミニウム Al によく似ているため，長いあいだイオン形は 3 価と考えられていました．しかし，ドミトリ・メンデレーエフ（1834-1907）はロシアの化学者アヴデーエスが，酸化ベリリウム BeO を発見していることを知り，ベリリウムを 2 価のアルカリ土類金属元素に分類し，原子量を 9 としました．疑義がでましたが，すぐに原子量 9 が実測され，メンデレーエフの周期表の正しさが認識されました．

英 英語　**語** 語源・由来　**原** 原子量　**単** 単体　**含** 含有鉱物　**発** 発見者　**密** 密度　**融** 融点　**沸** 沸点

188 ●元素検定

<table>
<tr><td>5
B
ホウ素</td><td>
B Boron 　 アラビア語の「白い (bouraq)」
10.81 　 黒灰色固体 　 コールマン石, ウレクサイト
ゲイ＝リュサック, テナール (フランス), デービー (イギリス) [1808 年]
2.340 g/cm³ (β型固体, 20 ℃) 　 2077 ℃ 　 3870 ℃
</td></tr>
</table>

ホウ素化合物の歴史は古く, ホウ砂〔Na₂[B₄O₅(OH)₄]・8H₂O〕をガラスやエナメルなどの原料として利用していました. ホウ素 B は, ホウ砂を意味する「burah (ペルシャ語)」, 「boraq (アラビア語で「白い」)」などが語源だといわれています.

　18 世紀のはじめには, ホウ砂と硫酸とを反応させてホウ酸をつくったり, ホウ素をふくむ黒灰色物質は緑色の炎色反応を示すことが知られていました. 1808 年に, ゲイ＝リュサック, テナール, デービーがそれぞれに独立にホウ酸塩を金属カリウムと加熱して単体を単離しましたが, これは純粋なものではありませんでした. 1892 年にモアッサンが高純度のホウ素を単離しています.

　ホウ素は自然界に単体は存在せず, ホウ砂やカーン石, コールマン石などの酸化ホウ素を主成分とする鉱物を, マグネシウム Mg やアルミニウム Al などで還元すると得られます. 空気中では安定ですが, 300 ℃以上に熱すると酸化され, 1200 ℃以上で窒素 N と反応して窒化ホウ素をつくります. ホウ素化合物を用いた有機合成化学者ブラウンのフルネームは, Herbert Charles Brown で, つまりイニシャルは「H」「C」「B」. まさに有機ホウ素化合物 (水素, 炭素, ホウ素) の申し子といえる名前です.

<table>
<tr><td>6
C
炭　素</td><td>
B Carbon 　 ラテン語の「木炭 (carbo)」
12.01 　 黒色固体 (黒鉛), 無色透明 (ダイヤモンド) 　 ダイヤモンド
古来より知られている
3.513 g/cm³ (ダイヤモンド, 20 ℃) 　 3550 ℃ (ダイヤモンド) 　 4827 ℃ (昇華)
</td></tr>
</table>

生物にとって, 炭素 C はなくてはならない元素です. 飲食物やプラスチック, 植物など身の回りの多くが, 炭素を基本とする有機化合物です. ビッグバン直後, 宇宙には水素 H やヘリウム He など軽い元素しかありませんでした. これらのガスが集まって星ができあがり, そのなかで起こる核融合によって, より重い元素への変換が起こりました. 炭素が地球を含む星へ取り込まれ, そこから生命が誕生し, 私たちの生活の基礎となる物質を形づくりました. 数ある元素のなかで, 生命を司る大切な元素として炭素が選ばれたというのは神秘的です. 炭素は長い鎖状化合物, 環状に並んだ化合物など, 多種多様な化合物をつくるのに適した元素といえます.

　炭素単体はさまざまであり, 世界一硬い物質のダイヤモンドも, 鉛筆の芯などに使われる黒鉛も, 炭素の同素体です. 「炭素繊維」は 90％以上炭素からできている素材で, 炭素繊維は鉄 Fe の 10 倍の強度をもつうえに, 鉄の 4 分 1 の比重しかなく「強く・軽い」素材です. パソコンや自動車, 飛行機など, 十分な強度を保ち軽量化する必要がある部品の材料として, 大活躍しています.

元素データボックス● 189

- **E** Nitrogen
- ギリシャ語の「硝石 (*nitrum*) ＋源 (*gennao*)」
- 14.01
- 無色無臭気体
- 硝石
- ラザフォード (スコットランド) [1772年], ラボアジェ (フランス) [1789年]
- 1.2506 g/L (気体, –0.15℃)
- –209.86 ℃
- –195.8 ℃

窒素 N は，空気の約 8 割を占めている元素です．ヒトの身体をつくるアミノ酸やタンパク質，DNA（遺伝子）などにたくさんの窒素が使われており，生命維持には欠かせません．窒素分子は，燃焼実験の際に発見されましたが，この燃焼実験で，二酸化炭素を水に吸収させた残りの気体として，ダニエル・ラザフォード（1749-1819）がはじめて単離に成功しました．この気体のなかでは，ネズミなどの生物はすべて死んでしまうことから，英語では noxious air（有毒気体），あるいはドイツ語では stickstoff（窒息させる物質）とよばれ，日本語名は「窒素」となりました．

1789 年に窒素が元素だと証明したラボアジェは，これを「生きられないもの」という意味のフランス語にちなみ「azote」と命名しました．窒素どうしの二重結合化合物をアゾ化合物といい，=N$_2$ という結合をもつ化合物をジアゾ化合物とよぶなど，窒素を含む物質の名前に「アゾ」という語を含むことが多いのは，この語源に由来しているようです．生命維持に欠かせない存在でありながら，「生きられない」という言葉の語源をもつ不思議な歴史をもった元素です．

- **E** Oxygen
- ギリシャ語の「酸 (*oxys*) ＋源 (*gennao*)」
- 16.00
- 無色無臭気体
- フッ素魚眼石
- シェーレ (スウェーデン) [1771年], プリーストリー (イギリス) [1774年]
- 1.429 g/L (気体, –0.15℃)
- –218.4 ℃
- –182.96 ℃

多くの生物は酸素 O$_2$ を吸って生きており，酸素 O は生命に欠かせない元素です．地殻の元素のなかでは，47％ともっとも多くを占めています．空気中では，約 8 割を占める窒素 N についで約 2 割を酸素が占めています．酸素の発見は，二酸化炭素や窒素よりもあとでした．ジョゼフ・プリーストリー（1733-1804）は気体の研究から，二酸化炭素が水に溶けやすく，とけた水は美味しいうえに身体にもよい，ということを発見しました（炭酸水，ソーダ水）．さらに，酸化水銀を太陽光で温めると気体がでることを見つけました．このなかに火のついたろうそくを入れると，明るく燃えることに気がつきました．

カール・ヴィルヘルム・シェーレ（1742-1786）も，プリーストリーとまったく同じ時期に，二酸化マンガンと濃硫酸を混ぜることで酸素をつくりました．ろうそくを激しく燃やす気体だということから，「火の空気」と名づけ，ろうそくの火を消してしまう成分「窒素」を「ダメな空気」とよびました．酸素は最初「酸を生むもの」と誤解されていたため，ギリシャ語の酸 (*oxys*) と生む (*genen*) を組み合わせた oxygen と名づけられ，日本語では「酸素」とよぶようになりました．

F 9 フッ素

- **E** Fluorine
- ラテン語の「流れる (*fluo*)」
- 19.00
- 淡黄色気体
- 蛍石
- モアッサン（フランス）[1886 年]
- 1.696 g/L（気体, 0℃）
- −219.62 ℃
- −188.14 ℃

蛍石 CaF_2 は，昔から高温で鉄 Fe を溶かす作用や酸と混ぜるとガラスを溶かす作用があることは知られていました．蛍石に硫酸を加えると未知の気体が発生することを 1771 年にシェーレが発見し，アンドレ・アンペール（1775-1836）は，それをフッ素と名づけました．ところが名前は決まっても，誰も単離できません．実験器具が破壊されるだけなく，人体に有害なフッ素は，なかなか分離・保管することができませんでした．1886 年，フランスのアンリ・モアッサン（1853-1907）がついに単離に成功しました．白金・イリジウム電極を用い，電気分解を −50 ℃という低温で進め，蛍石をフッ素の捕集容器として使ったことが成功の鍵となりました．モアッサンは，この実験で片方の目の視力を失っています．なお，この功績によって 1906 年のノーベル化学賞はモアッサンに与えられました．

単体のフッ素の酸化力，つまり相手から電子を奪う力は，すべての原子でもっとも高いため，発見が遅くなったというわけです．分子内の原子が電子を引きつける能力を電気陰性度とよんでいます．

Ne 10 ネオン

- **E** Neon
- ギリシャ語の「新しい (*neos*)」
- 20.18
- 無色無臭気体
- ──
- ラムゼーとトラバース（イギリス）[1898 年]
- 0.89994 g/L（気体, −0.15℃）
- −248.67 ℃
- −246.05 ℃

夜空に真紅の光で，人々をワクワクさせるネオンサインは，イギリスのラムゼーと助手のモーリス・トラバース（1872-1961）らが苦闘の末に発見した元素です．1890 年にアルゴン Ar を，1894 年にヘリウム He を発見したラムゼーは，不活性元素の化学的性質の解明に悩んでいました．そんななか，不活性元素の歴史を変える出来事が起こりました．イギリスのウィリアム・ハンプソン（1854-1926）とドイツのカール・ヴァン・リンデ（1842-1934）が，気体を液化する方法を発明したのです．1898 年，ラムゼーとトラバースは，この方法を使って大量のアルゴンをつくる装置をつくりました．3 リットルのアルゴンから最初に蒸発してくるフラクションを集め，赤，淡緑，紫色の複雑なスペクトルを観察し，また高真空にしてもりん光を発する気体を見つけました．

原子量 20 をもつ新元素は，ラムゼーの息子により提案され，ギリシャ語の「新しい (*neos*)」にちなんで「ネオン」と名づけられました．1907 年，イタリアのアーマンド・エミール・ジャスライン・ゴーティエ（1837-1920）は，ベスビオ山の噴気孔やナポリ近郊の温泉から泡立つ気体にネオンが含まれていることを発見しました．

E Sodium		ラテン語の「炭酸ナトリウム (natron)」，英語名はアラビア語の「頭痛を治す (suda)」	
22.99	銀白色金属		岩塩
デービー（イギリス）[1807 年]			
0.971 g/cm³ (20 ℃)		97.81 ℃	883 ℃

11 **Na** ナトリウム

昔から食塩は食物の味つけに使われ，エジプトではナトリウム Na の炭酸塩が洗濯に使われていました．ソーダ（炭酸ナトリウム）は塩湖から得ているため，鉱物アルカリともいいます．一方，ポタシ（炭酸カリウム）は植物灰から抽出していたため，植物アルカリとよばれていましたが，これらは区別なく使われていました．17 世紀になって多くの人々がアルカリを研究しはじめましたが，19 世紀のはじめまで，その差は未解明のままでした．解決したのはイギリスのハンフリー・デービー（1778-1829）．彼はコーンウォールのペンサンスに生まれ，幼いころから記憶力がよく，多くの本を読んでいました．16 歳のとき，外科医に弟子入りして，その薬局で化学を学びました．感受性の豊かなデービーは多くの詩を残しましたが，しだいに科学のほうへ高い関心を示すようになります．王立協会のフェローとの偶然の出会いをきっかけに，多くの科学者から本格的に化学を学びました．気体研究所や王立研究所で研究し，1807 年にボルタ電池を使って水酸化ナトリウムからナトリウムを得ることに成功します．電気分解法により，デービーはナトリウムのほかに, カリウム K, カルシウム Ca, マグネシウム Mg, ホウ素 B, バリウム Ba の 6 種類の元素を発見しました．

E Magnesium		ギリシャ語の「マグネシア地方 (Magnesia)」	
24.31	銀白色金属		ドロマイト
ビュシー（フランス）[1828 年]			
1.738 g/cm³ (20 ℃)		650 ℃	1095 ℃

12 **Mg** マグネシウム

17 世紀，イギリスのサリー州エプソムで干ばつが続いていましたが，穴にたまった水を，喉のどが乾いているはずの牛たちは飲もうとしませんでした．水が苦かったからです．しかし，この水は傷をなおすことがわかり，エプソムは温泉地として人気スポットになりました．エプソム水からエプソム塩がつくられましたが，これは海水を濃縮して硫酸を加えることでもできることがわかりました．一方，ギリシャのマグネシア地方で「マグネシア・アルバ」という秘薬が売られていました．石灰石 $CaCO_3$ とちがって，硫酸で処理すると苦い塩になることがわかりました．しかし，石灰とマグネシアの違いは，長いあいだわからないままでした．

18 世紀のはじめ，イギリスのデービーは水銀を陰極としてマグネシアからマグネシアアマルガムを得ました．彼は，これをマグニウムとよんでいましたが，のちにマグネシウムとよばれるようになりました．1828 年，フランスのアントワーヌ・ビュシー（1794-1882）は，無水塩化マグネシウムを金属カリウム K と溶融して，純粋な金属マグネシウム Mg の単離に成功しました．ビュシーがマグネシウムの発見者とされています．

192 ●元素検定

13 **Al** アルミニウム	**B** Aluminium (Aluminum)
	ギリシャ語やローマ語の「ミョウバン (alumen)」
	26.98　　銀白色金属　　ミョウバン石
	デービー (イギリス) [1807 年]
	2.698 g/cm³ (20℃)　660.37℃　2520℃

アルミニウム Al は地球上にひろく大量に存在しており，酸素 O やケイ素 Si についで 3 番目に多い元素です．アルミニウムは天然に単体としては存在せず，鉱石からつくられます．ボーキサイトやカオリンなどの鉱石からアルミナとよばれる酸化アルミニウムを取りだすことができます．アルミナは融点が 2050℃もあり，とても硬い材料です．酸にもアルカリに対しても安定という優れた特徴をもつため，アルミナはセラミックスや研磨材，耐火材などの原料として使われています．このアルミナを電気分解すると，純度の高いアルミニウム金属をつくることができます．

　たとえば，家庭で使われるアルミホイルは，99.0%以上の純度をもつアルミニウムです．アルミニウムは，比較的強い金属であり，鉄 Fe や銅 Cu と比べてもかなり軽いため，自動車や鉄道，航空機，船舶など輸送に必要な機材に使われています．とくにアルミニウムに，銅を 4%，マグネシウム Mg とマンガン Mn をそれぞれ 0.5% あわせた合金はジュラルミンとよばれ，鋼と同じほどの強度をもつ材料です．

14 **Si** ケイ素	**E** Silicon
	ラテン語の「硬い石，火打ち石 (*silex*)」
	28.09　　灰白色固体　　燧石
	ベルセーリウス (スウェーデン) [1823 年]
	2.329 g/cm³ (20℃)　1412℃　3266℃

地球の地表の元素は，一番多いのが酸素 O，二番目にケイ素 Si，三番目がアルミニウム Al です．ケイ素は天然には単体として存在せず，その多くが砂の成分，二酸化ケイ素 (SiO_2) などの酸化物として，土や岩石，鉱物のなかにたくさん存在します．生命体をつくる基本元素が炭素であり，ケイ素は鉱物を構成する代表的な元素です．ケイ素 (silicon) という名前は，燧石を意味するラテン語，*silex* (*silicis*) に由来するといわれています．1787 年にラボアジェが元素として記載していますが，このときは燧石そのものを元素と考えていました．1823 年にベルセーリウスが燧石をカリウム K で還元して，はじめてケイ素の単離に成功し，ケイ素の発見者として称えられました．

　二酸化ケイ素はシリカともいい，石英や水晶はシリカからできています．シリカは透明性が高く，プリズムやレンズとして使われています．一方，−Si−O−Si−が長く鎖状につながった構造をもつシリコーン (silicone) は耐熱性と絶縁性に優れています．

元素データボックス ● 193

15 **P** リン	**E** Phosphorus **語** ギリシャ語の「光をもたらすもの (*phosphoros*)」
	原 30.97　**色** 赤色（赤リン），銀白色（白リン），など　**鉱** リン灰石
	発 ブラント（ドイツ）[1669 年]
	密 1.820 g/cm³ (P₄, 20℃)　**融** 44.2℃（白リン）　**沸** 279.9℃（白リン）

リン P は発見記録のあるうちで最初の元素です．1669 年にドイツの錬金術師ヘニッヒ・ブラント（1630 ごろ -1692）は，バケツ 60 杯もの大量の尿を蒸発させ，繰り返し蒸留して生じた黒い沈殿物を長時間焼き，黄リンを得ました．のちにシェーレは，リン灰石 $Ca_5F(PO_4)_3$ からリンを単離する方法を発見し，リンが骨の重要成分だと見つけます．

　黄リンや紫リン，黒リンに加え，無定形の赤リン，紅リンなど多くの同素体が知られています．黄リンはとても活性で，空気中で自然発火して酸化リン（V）となります．暗いところでは光ることが知られており，りん光とよばれていますが，これは空気に触れて徐々に酸化されて光を発する現象（化学反応による発光）であり，広く知られる「りん光」すなわち，物質が光などのエネルギー刺激により高いエネルギー状態になり，もとの安定な状態に戻る際に光を発するという現象とは原理が異なります．

　ギリシャ語で光（*phos*）と運ぶもの（*phoros*）を組み合わせ，「光を運ぶもの」という意味の phosphoros がリンの語源です．

16 **S** 硫　黄	**E** Sulfur (Sulphur) **語** ラテン語の「硫黄 (*sulphur*)」
	原 32.07　**色** 黄色固体　**鉱** 自然硫黄
	発 ラボアジェ（フランス）[1777 年]
	密 2.070 g/cm³ (斜方晶系, 20℃)　**融** 112.8℃（斜方晶系）　**沸** 444.674℃

黄色の単体硫黄 S が存在することは古くから知られていました．炭素 C，鉄 Fe，スズ Sn，鉛 Pb，銅 Cu などのように特定の発見者がいない元素です．硫黄を元素として認めたのは，フランスのアントワーヌ・ラボアジェで 1777 年のことでした．

　硫黄は，火山ガスや温泉水など火山からの噴出物に多く含まれています．そのため古くから知られていて，非金属元素では炭素と硫黄だけが有史以前から知られています．火をつけると，刺激臭を発しながら激しく燃えるので，神秘的な物質として扱われることもあり，旧約聖書の創世記には「燃える石」として記述があるといいます．

　現在は，石油を精製する過程で廃棄物として得られる硫黄（回収硫黄）や硫化鉱製錬の廃ガスが硫黄資源として利用されています．「湯の花」とよばれる，温泉の湯船にゆらゆら浮いている白い沈殿物は，硫黄が主成分です．また，タマネギやニンニクの臭い成分の多くは硫黄を含む有機化合物です．硫黄は身のまわりにたくさんあり，生体には不可欠な元素です．火山国日本では，古くから硫黄が豊富に採れ，10 世紀末から 13 世紀後半にかけて，日宋貿易において日本から中国へ大量の硫黄が輸出されていました．

🇪 Chlorine	🏛 ギリシャ語の「黄緑色（*chloros*）」
⚛ 35.45	🔬 黄緑色気体	🪨 岩塩
👤 デービー（イギリス）[1810 年]
💧 3.214 g/L（0 ℃）	❄ –100.98 ℃	🔥 –34.05 ℃

塩素

　古代から人々は塩化ナトリムや塩酸を使ってきました．18 世紀になり，スウェーデンのシェーレは軟マンガン鉱（ピロルサイト）に塩酸を加える実験をしました．燃える気体の発生を期待しましたが，不快な臭いを放ち，コルクを腐食し，花や植物の色を漂白してしまう黄緑色の気体の発生を見ました．この 1774 年は，新しい気体の発見の年といえそうですが，シェーレはこれを元素と考えませんでした．

　多くの人々がこの気体を研究しはじめ，イギリスのデービーも加わります．この気体は電気分解では分解されず，ほかの反応剤とも反応しませんが，金属やその酸化物とは容易に反応し，塩をつくることを見いだしました．デービーは，これを単体と認める以外には考えられないと 1810 年に報告し，黄緑色を意味するギリシャ語 *chloros* から，塩素と名づけました．翌年，ドイツのヨハン・ソロモン・クリストフ・シュヴァイガー（1779-1857）は，塩素がアルカリ金属と容易に反応して結合するため，ギリシャ語の塩（*hals*）をつくるもの（*gennao*）から，ハロゲンという言葉を提案しました．1823 年にはじめて液体の塩素を得たのは，イギリスのファラデーでした．

🇪 Argon	🏛 ギリシャ語の「否定語（*an*）＋ 働く（*ergon*）」
⚛ 39.95	🔬 無色無臭気体	🪨 ──
👤 レイリーとラムゼー（イギリス）[1894 年]
💧 1.784 g/L（気体, 0 ℃）	❄ –189.2 ℃	🔥 –185.86 ℃

アルゴン

　不活性気体の発見に，化学が果たした役割を忘れてはならないでしょう．1894 年，イギリスのレイリー卿（ジョン・ウィリアム・ストラット）（1842-1919）とラムゼーは，空気中の未知の新元素を赤熱したマグネシウム Mg と窒素 N との反応から発見しました．赤と緑からなる複雑な線スペクトルを示しました．ギリシャ語のはたらく（*ergon*）に否定語（*an*）をつけて「働かない＝不活性な」にちなんでアルゴン Ar と名づけました．このときラムゼーはレイリー卿に「周期表の 1 列目の端に気体元素の位置がある」のではと示唆しました．このころ，ロシアのメンデレーエフは，アルゴンはオゾン（O_3）のような窒素の 3 量体（N_3）ではないかと信じていたようです．アルゴンが発見される 100 年以上も前の 1785 年に，イギリスのキャベンディッシュは，酸素 O と窒素の混合物に電気火花を飛ばしたのち，元の 125 分の 1 の容量の成分に気づいていたことは驚くべきことです．アルゴンだったのです．スコットランド生まれのラムゼーは生涯に 5 つの不活性気体を発見し，フリードリヒ・エルンスト・ドルン（1848-1916）が見つけたラドンの原子量測定にも協力しました．

元素データボックス● 195

| 19 K カリウム | E Potassium 語 英語の「草木灰（potash）」
39.10　銀白色金属　カリ長石
デービー（イギリス）[1807 年]
0.862 g/cm³ (−80 ℃)　63.65 ℃　765 ℃ |

　1807 年，イギリスのデービーは，無水のポタシ（水酸化カリウム）を溶融し，電解をはじめたところ，まもなく輝く金属光沢をした水銀 Hg のような小さな球が陰極の表面にあらわれました．それは明るい炎をあげて爆発するように燃えましたが，燃えない球もあり，すぐに白い皮でおおわれました．デービーが探し求めていたのは，その球の物質です．

　発火する性質があり，彼は水酸化カリウムの元の物質だと考えました．この実験を繰り返し，この物質は水と反応して水素をつくって燃えたと結論しました．電極に用いた白金 Pt は反応には関与せず，化合物の分解のために電気を与える媒介物だと突きとめました．こうして，アルカリ金属のカリウム K が輝かしく発見されました．当時，カリウムが元素の単体なのを疑う人びともいましたが，デービーはこのカリウムのなかに水素 H がないことを明らかにし，新元素だと証明しました．彼は，この金属をポタシから発見したので，ポタシウム（ドイツ語でカリウム）と名づけました．

| 20 Ca カルシウム | E Calcium 語 ラテン語の「石灰（calcis）」
40.08　銀白色金属　アラレ石
デービー（イギリス）[1807 年]
1.550 g/cm³ (20 ℃)　842 ℃　1503 ℃ |

　カルシウムは，2 人の天才によって発見されました．石灰岩や石膏，雪花石膏（アラバスター）は，古代からモルタルや漆喰などの原料として用いられてきました．多くの人々がこれらの鉱物から金属を得ようとしましたが，いずれもうまくいきません．1807 年に，ナトリウム Na とカリウム K を発見したイギリスのデービーは，ほかのアルカリ土類の分離に挑戦しましたが，成功しませんでした．最後に，生石灰と塩化第二水銀を混ぜて電気分解をして，ごく少量のカルシウムアマルガムを得ました．そこへ，スウェーデンのベルセーリウスとマグヌス・マーティン・ボンタン（1781-1858）が，バリウムアマルガムの生成に成功したと，デービーに知らせました．そこでデービーはたくさんのカルシウムアマルガムを得て，蒸留後に銀白色の金属カルシウムを単離しました．ラテン語の石灰（calcis）にちなんで，この元素はカルシウムと名づけられました．この実験に成功したデービーは，ベルセーリウスとボンタンに感謝の手紙を送っています．カルシウムの工業的製法は，この発見から約 1 世紀後に完成しました．

21 Sc スカンジウム	🇬🇧 Scandium 📖 発見者の祖国のラテン語名（Scandia）
	⚛ 44.96 ⬤ 銀白色金属 🪨 ユークセン石
	🧑 ニルソン（スウェーデン）[1879 年]
	📦 2.989 g/cm³（0℃） 🌡 1539℃ 🌡 2831℃

スカンジウム Sc にはスウェーデンのスカンジナビア地方にちなんで名づけられました．鉱石名のガドリン石はフィンランドの化学者ヨハン・ガドリン（1760-1852）によります．メンデレーエフは 1869 年に短周期型の周期表を発表したとき，カルシウム Ca（原子量 40）とチタン Ti（原子量 48）のあいだに空欄があり，そこがちょうどホウ素のすぐ下なので「エカホウ素」（ホウ素の直下）という未知元素があるとして，その性質まで予言しました．

1879 年にスウェーデンのラース・フレデリク・ニルソン（1840-1899）がスカンジウムを発見し，メンデレーエフの周期表の信頼性はいっそう高まりました．なお，金属スカンジウムが単離されたのは 1937 年で，ニルソンはこれを見ることはありませんでした．スカンジウムは希土類元素のなかでもっとも原子量が小さい元素です．ノルウェーやマダガスカルのウラン鉱石の副産物として，世界で年間約 10 〜 15 トンの金属が生産されています．

アルミニウム Al に近い密度（2.989 g/cm³）をもち，燃料電池材料やアルミニウム合金添加材として利用されています．だだし，金よりも高価（1 グラム約 10 万円）なので，残念ながら実用化はあまり進んでいません．

22 Ti チタン	🇬🇧 Titanium 📖 ギリシャ神話の「巨人タイタン（Titan）」
	⚛ 47.87 ⬤ 銀白色金属 🪨 金紅石
	🧑 グレガー（イギリス）[1791 年]
	📦 4.540 g/cm³（20℃） 🌡 1666℃ 🌡 3289℃

チタン Ti の元素名はギリシャ神話の巨人タイタンに由来します．チタンは地殻中に 9 番目に多く（重量で 0.56%），鉱石としてはルチル TiO_2 やチタン鉄鉱 $FeTiO_2$ があります．高純度の金属は，1910 年になってアメリカのマシュー・アルバート・ハンター（1878-1961）が四塩化チタン $TiCl_4$ をナトリウム Na で還元してつくりました．マグネシウムで四塩化チタンを還元する工業的製法は，1936 年にルクセンブルクのウィリアム・J・クロール（1889-1973）が開発しました．

四塩化チタンは液体の塩（沸点 136℃）で，飛行機で空中文字を描く発煙剤になります．金属チタンは加工しやすく，密度はアルミニウムの 1.6 倍と軽く，硬さはアルミニウムの 6 倍あります．そのため，合金材料として航空機エンジンや切削工具などに使われます．チタンは化学でも重要で，アルミニウム Al とチタンでできたチーグラー・ナッタ触媒は，不飽和結合をもつ炭素化合物を立体特異的に重合させることができます．身近な用途としては，白色の二酸化チタン TiO_2 が紫外線防止用化粧品に，また冷蔵庫や洗濯機の塗装に利用されています．チタンは自然界に広く分布しますが，生物での機能はまだよくわかっていません．

元素データボックス ● 197

23 **V** バナジウム

- Ⓔ Vanadium
- 🔠 スカンジナビア神話の美の女神バナジス（Vanadis）
- ⚛ 50.94
- ⬤ 銀白色金属
- 🪨 褐鉛鉱
- 👤 セフストレーム（スウェーデン）[1830 年]
- 📦 6.110 g/cm³ (19℃)
- 🌡 1917 ℃
- 🌡 3420 ℃

バナジウム V は地殻中に 160 ppm 存在する元素で，歴史的には 2 度発見されました．最初はメキシコの鉱物学者デル・リオが 1801 年に見つけました．しかし，鑑定依頼されたヒッポライト・ヴィクトール・コレット・デスコティル（1773-1815）はクロム Cr として発表したのです．30 年後にスウェーデンのニルス・ガブリエル・セフストレーム（1787-1845）が新元素だと突きとめました．純度 99.9% 以上の金属が得られたのは 1927 年になってからです．その塩類が多様な色をだすことから，スカンジナビア神話の美の女神バナジスにちなんで名づけられました．

　金属バナジウムを鉄鋼に加えると，強度が増します．自動車王のフォードは「バナジウムなしで車はできぬ」とうなり，ギアやアクセルなどの重要部品にバナジウム鋼を積極的に使いました．動物にとってバナジウムは必須元素で，不足すると成長が遅れ，生殖機能が減退します．興味深いことに，海洋生物ホヤのある種類には体内に高濃度のバナジウム塩が蓄積されていますが，くわしい機能はわかっていません．1995 年には，実験用糖尿病ラットに $VOSO_4$ を投与すると，血糖値が正常に戻ることが見つかり，バナジウムから糖尿病治療薬ができる可能性が示唆されました．

24 **Cr** クロム

- Ⓔ Chromium
- 🔠 ギリシャ語の「色 (*chroma*)」
- ⚛ 52.00
- ⬤ 銀白色金属
- 🪨 紅鉛鉱
- 👤 ボークラン（フランス）[1797 年]
- 📦 7.190 g/cm³ (20 ℃)
- 🌡 1857 ℃
- 🌡 2682 ℃

クロム Cr は地殻中に約 100 ppm あり，1798 年にフランスのボークランが見つけました．その塩類の色が多彩なため，ギリシャ語の色彩（*chrome*）にちなんで名づけられています．鉱石としてクロム鉄鉱 $FeO \cdot Cr_2O_3$ が知られ，酸化クロム（Ⅲ）Cr_2O_3 をアルミニウム Al で還元すると，金属が得られます．

　美しい銀白色に輝く金属は，さびにくいため装飾品などの表面めっきに使われています．また，皮革を柔らかくなめす工程でクロム塩が必要です．工業的にクロムは合金材料として重要で，ニッケル Ni との合金は電気抵抗が高く，電気器具の発熱媒体のニクロム線になります．また，鉄 Fe との合金はステンレス鋼であり，強度と抗腐食性が増すため，自動車部品や台所用品には欠かせません．化学実験室では，重クロム酸カリウム水溶液に硫酸を加えたクロム酸混液がガラス器具の洗浄液として使われています．有機化学では，六価の酸化クロム CrO_3 類がアルコール類などの酸化に使用されます．ヒトにとってクロムは微量必須元素であり，コレステロールや糖の代謝に不可欠で，カキやレバー，ピーナッツなどの食品から摂取できます．

B Manganese	**鉱** 鉱石マンガナス（Manganase）	
原 54.94	**色** 銀白色金属	**鉱** 軟マンガン鉱
発 ガーン（スウェーデン）[1774年]		
密 7.440 g/cm³ (20 ℃)	**融** 1246 ℃	**沸** 2062 ℃

マンガン Mn は地殻に 950 ppm 含まれ，太古から知られた元素です．5000 年の歴史があるガラス産業では，昔から無色透明ガラスの製造にマンガン鉱石が加えられてきました．スウェーデンの化学者シェーレは軟マンガン鉱の組成 MnO_2 を解明し，1774 年に友人のヨハン・ゴットリープ・ガーン（1745-1818）が金属を精製しました．マンガン鉱石の別名が黒マグネシアだったので，当初はマグネシウムと命名されました．しかし，イギリスのデービーが 1808 年に見つけたマグネシウム Mg にこの名称が使われたため，マンガンと改められました．

　金属マンガンは灰白色のもろい物質ですが，鉄 Fe やアルミニウム Al，銅 Cu に加えると合金の強度と耐摩耗性が上がります．二酸化マンガン MnO_2 は乾電池の電極だけでなく，有機化合物の酸化剤の過マンガン酸カリウム $KMnO_4$ の製造に利用されます．生命体にとってマンガンは必須元素で，人体には約 14 ppm あります．ラットでは神経や生殖器に欠乏症が現れます．過剰になると，ヒトの運動や言語の機能が妨害されます．植物では光合成器官に分布しています．マンガンを多く含む食品は豆類や肉，魚，お茶などです．

B Iron	**語** ギリシャ語の「強い」(ieros)	
原 55.85	**色** 灰白色金属	**鉱** 赤鉄鉱，磁鉄鉱
発 ヒッタイト族 [紀元前 2000 年ごろ]		
密 7.870 g/cm³ (20 ℃)	**融** 1538 ℃	**沸** 2863 ℃

鉄 Fe は紀元前 50 世紀ごろの鉄器時代から知られている元素で，地殻には 4.1 ％と，酸素 O，ケイ素 Si，アルミニウム Al についで 4 番目に多い元素です．日本では，紀元前 1 〜 2 世紀の弥生時代に大陸から鉄が伝わり，8 世紀には砂鉄からのたたら製鉄が中国地方で発展しました．鉄鉱石は赤鉄鉱や磁鉄鉱，硫化鉄鉱などが知られています．製造時に還元剤コークスが混入すると，炭素含量により銑鉄（3 ％以上），鋳鉄（2 〜 4.5 ％），鋼（2.0 〜 0.02 ％）になります．

　鉄ははさびやすい金属ですが，クロム Cr を加えると，さびにくいステンレス鋼になります．なお，2000 年につくられた純度 99.9995 ％の鉄はきわめてさびにくい性質をもっていました．かつて鉄の生産量は国家の力を示す指標でした．鉄は建築材料や自動車，工具などに不可欠で，強く磁化されるので磁性体材料としても重要です．

　一方，鉄は動植物の必須元素です．成人の体内には鉄イオンがおよそ 6 グラムあり，そのうちの約 6 割が血液中のヘモグロビンに含まれています．ヘモグロビンは，肺から末端組織へ酸素を運ぶはたらきをしています．

元素データボックス ● 199

27 Co コバルト

- Cobalt
- ドイツ民話中の山の精コバルト（Kobold）
- 58.93
- 灰白色金属
- 輝コバルト鉱
- ブラント（スウェーデン）[1735年]
- 8.860 g/cm³ (20℃)
- 1495℃
- 2927℃

コバルト Co は地殻中に 0.002％あり．名前はドイツ語 Kobold（山の妖精）にちなんでいます．銀鉱石と期待した石から銀 Ag がとれないのは，この妖精のためと思われたからです．そこにあったのは銀ではなく，実はコバルトでした．コバルト塩は，古代エジプトで陶器やガラスに青色をつける釉薬や顔料として使われました．印象派の絵画でよくみられるコバルトブルーの色は $CoAl_2O_4$ によります．1735年にスウェーデンのイェオリ・ブラント（1694-1768）が不純な金属を分離し，1780年に同じくスウェーデンの化学者トルベリン・ベリマン（1735-1784）が新元素と確かめました．

コバルトは貴重な戦略資源で，比較的高価です．日本では消費量の60日分が国家備蓄されています．鉄 Fe にコバルトやニッケル Ni，クロム Cr，モリブデン Mo を混ぜると高温や腐食・摩耗に強くなるため，航空機やガスタービン，切削道具などに利用されています．また，くり返し充電できるリチウムイオン電池にも欠かせません．金属コバルトは強磁性体で，鉄に混ぜると強力な磁性合金となります．生物にとっても必須元素で，ヒトの悪性貧血に効くビタミン B_{12} はコバルトをふくんでいます．

28 Ni ニッケル

- Nickel
- ドイツ語の「悪魔の銅（Kupfernickel）」
- 58.69
- 灰白色金属
- 紅砒ニッケル鉱
- クローンステット（スウェーデン）[1751年]
- 8.902 g/cm³ (25℃)
- 1455℃
- 2913℃

ニッケル Ni は地殻に 80 ppm あります．昔，ドイツの鉱夫たちが Kupfernickel（悪魔の銅）とよぶ紅砒ニッケル鉱 NiAs から銅 Cu をとりだそうとしました．銅がとれないのは悪魔のせいと考え，そこからこの元素名がつきました．古代には，さびない刀や武具に正体不明のままニッケル合金が使われました．1754年にスウェーデンの化学者アクセル・フレドリク・クローンステット（1722-1765）がはじめて金属ニッケルを単離しました．世界のニッケル生産量は年間約51万トンです．

金属ニッケルは加工しやすく，高温でも劣化しにくいため，食器や楽器，電池，エンジン，ガスタービンなどの部品に使われます．また，生産量の半分はステンレス鋼（鉄 Fe・クロム Cr・ニッケルの合金）の製造に向けられています．身近には，貨幣材料として世界中で広く使われ，日本でも白銅（銅 Cu75％，ニッケル25％）製の50円硬貨，100円硬貨が流通しています．金属ニッケル微粉末は，食用油から固形マーガリンをつくる水素化触媒として利用されています．ヒトでの必須性は証明されていませんが，ニッケルイオンは多くの生理作用をもち，鉄の吸収促進や多数の酵素の活性化などの機能をはたしています．

200 ● 元素検定

29 **Cu** 銅	Ⓔ Copper	🗺 地中海のキプロス島（*Cyprus*）
	⚛ 63.55	🔍 赤色金属	💎 自然銅，黄銅鉱
	🏛 古来		
	📐 8.960 g/cm³（20℃）	🌡 1084.5℃	💨 2562℃

銅 Cu は地殻中に 50 ppm あり，その元素名は鉱石産地だったキプロス島のラテン語名 *Cyprus* に由来します．銅は古くから世界中で利用され，アメリカのミシガン州には紀元前 5000 年に自然銅を採取した遺跡があります．純粋な金属は赤い金属光沢をもち，展性と延性に優れて加工しやすい特徴があります．

　銀 Ag についで電気と熱をよく伝えるため，電気製品の部品や導線に利用されています．銅とスズ Sn との合金を青銅（ブロンズ）といい，日本の 10 円硬貨は青銅製です．自由の女神像や銅鐸（どうたく）の表面は腐食した緑色のさび（緑青（ろくしょう））におおわれています．天然緑青の孔雀石は日本画の岩絵の具として使われています．

　銅とニッケル Ni や亜鉛 Zn との合金は，それぞれ白銅や黄銅（真ちゅう，ブラス）です．白銅は，100 円硬貨や 50 円硬貨などに，黄銅は金管楽器や仏具，5 円硬貨などに加工されます．なお，銅に約 10％のアルミニウムを混ぜた合金は金色光沢があるので，金箔や金粉の代用品となります．銅は酵素などの成分として，あらゆる生物にとって必須の元素です．成人の体内には約 100 ミリグラムの銅イオンがあります．

30 **Zn** 亜鉛	Ⓔ Zinc	🗺 ドイツ語の「櫛（くし）やフォークの歯（Zinke）」
	⚛ 65.38	🔍 青白色金属	💎 閃亜鉛鉱
	🏛 マルクグラフ（ドイツ）[1746 年]		
	📐 7.135 g/cm³（20℃）	🌡 419.58℃	💨 907℃

亜鉛 Zn は地殻中に 70 ppm あります．元素名は，金属結晶がフォークの歯（Zinke，ドイツ語）のようにとがるから，またはペルシャ語の石（sing）にちなむとする 2 つの説があります．日本語の亜鉛は「第二の鉛」の意味です．太古から知られていましたが，1746 年にドイツのアンドレアス・ジークムント・マルクグラフ（1709-1782）が金属製造法を確立し，イギリスのブリストルで工業的精錬がはじまりました．酸化亜鉛 ZnO を高温で炭素還元して，あるいは鉱石の硫酸溶液を電気還元して金属をつくります．

　亜鉛の用途は広く，マンガン電池の陰極などに利用されています．鋼表面に亜鉛めっきしたものはトタン（ポルトガル語，tutanaga）とよばれ，腐食を防ぎます．類似品に，缶詰などの用いられるブリキ（オランダ語，bulik）がありますが，こちらはスズめっきです．亜鉛と銅 Cu の合金は真ちゅう（黄銅）で，5 円硬貨としておなじみです．ZnO は白色粉末で，殺菌作用がある薬として皮膚に塗られます．生物にとって亜鉛は必須元素で，成人の体内には約 2 グラムの亜鉛イオンが存在し，多数のタンパク質で重要成分として機能します．

元素データボックス ● 201

31 **Ga** ガリウム	**E** Gallium **■** 発見者の祖国フランスのラテン語名 (*Gallia*) **⚛** 69.72 **⬤** 青白色金属 **⬲** 閃亜鉛鉱 **△** ボアボードラン（フランス）[1875 年] **DT** 5.905 g/cm³ (20 ℃) **MP** 29.77 ℃ **BP** 2403 ℃

ガリウム Ga はメンデレーエフが周期表を考案した際に，「エカアルミニウム」としてその存在を予言した元素で，化学的性質はアルミニウムに似ています．現在では，ガリウム Ga-ヒ素 As に代表される半導体のおもな材料として，CD プレイヤー，レーザープリンタ，CS アンテナ，自動焦点カメラ，携帯電話など，さまざまな電子機器で使われています．また，ノーベル物理学賞を受賞した中村修二博士が開発し，有名になった青色発光ダイオード（青色 LED）の材料は，窒化ガリウムとよばれるガリウムと窒素 N の化合物です．また，広い温度範囲で，液体状態を保っているので，(高温用) 液柱温度計にも用いられています．

　塩化ガリウムまたはガリウム酸ナトリウム水溶液を電気分解したり，あるいは酸化ガリウムを水素で還元したりして，得ることができます．真空加熱や溶融，単結晶化などのさまざまな手法を使って精製すると，99.9999%もの高純度ガリウムが得られます．

　水と同じように，液体状態だと固体状態よりも体積が 3.4%も小さいため，異常液体とよばれています．気温が 30℃を超える暑い日本の夏では，ガリウムは液体となります．

32 **Ge** ゲルマニウム	**E** Germanium **■** 発見者の祖国ドイツの古名ゲルマニア (*Germania*) **⚛** 72.63 **⬤** 灰白色固体 **⬲** 硫ゲルマニウム銀鉱（アージロード鉱） **△** ウィンクラー（ドイツ）[1885 年] **DT** 5.323 g/cm³ (20 ℃) **MP** 938.3 ℃ **BP** 2833 ℃

ゲルマニウムは，メンデレーエフが周期表を作成した際には「エカケイ素」としてその存在が予言されていて，実際のところ，ケイ素 Si によく似た性質を示します．ゲルマン鉱 germanite $(Cu_{13}Fe_2Ge_2S_{16})$ やレニエル鉱 renierite（ガリア鉱 gallite ともいう）〔$(Cu,Zn)_{11}Fe_4(Ge,As)_2S_{16}$〕などの鉱石から産出し，硫化物鉱石や石炭中に凝縮している場合もあります．元素名は，発見したクレメンス・ウィンクラー（1838-1904）の祖国ドイツのラテン語名 *Germania* にちなんでつけられました．

　単体のゲルマニウムはケイ素と同じくダイヤモンド型構造をとり，温度が上昇すると電気伝導性が増す半導体としての性質を示します．ゲルマニウムはダイオードやトランジスタなど半導体素子としての用途だけでなく，熱電対や抵抗温度計，歯科用の合金製造にも用いられています．

　最近では，血液や骨によいとして，ゲルマニウム温泉やゲルマニウムブレスレットなど健康促進に効果があるといわれる場合もありますが，その具体的な効果や安全性は科学的に示されていません．

33	
As	
ヒ 素	

- **E** Arsenic
- 🏛 ギリシャ語の「黄色の顔料（雄黄）（*arsenikon*）」
- ⚛ 74.92
- ⬡ 灰色固体
- ✏ 鶏冠石，雄黄
- 🔬 マグヌス（ドイツ）[13世紀?]
- ▦ 5.780 g/cm³ (*a*, 20℃)
- 🌡 817℃ (*a*, 加圧下)
- 🌡 603℃（昇華点）

ヒ素 As は天然に遊離した状態で産出しますが，多くは硫化物として存在します．地殻中に広く分布しており，火山活動や鉱石の採掘などにより環境に放出されたヒ素は，大気や水，土壌などひろく循環し，あらゆる生物中に微量存在します．

　ヒ素の性質はリン P に似ていて，常温空気中では安定ですが，400℃で青白い炎をあげて燃えて酸化ヒ素（Ⅲ）となります．亜ヒ酸などの無機ヒ素化合物に代表されるように，一般にヒ素化合物は毒性が強く，農薬や殺鼠剤，防腐剤などとして利用されています．

　一方では医療においてもユニークな作用を示します．有機ヒ素化合物サルバルサンは梅毒の特効薬として開発されただけでなく，化学療法という新しい発想を生むきっかけになりました．近年では，亜ヒ酸が急性骨髄球性白血病の治療に使われています．ガリウム-ヒ素（GaAs）などのように，ほかの元素と結合することで高性能な半導体として機能することが知られており，発光ダイオードや携帯電話，レーザープリンターなどに使われています．

34	
Se	
セレン	

- **E** Selenium
- 🏛 ギリシャ語の「月（*selene*）」
- ⚛ 78.97
- ⬡ 灰黒色固体
- ✏ 自然セレン
- 🔬 ベルセーリウスとガーン（スウェーデン）[1817年]
- ▦ 4.790 g/cm³（灰色固体, 20℃）
- 🌡 220.2℃
- 🌡 684.9℃

セレン Se は，1817年にベルセーリウスと鉱山監督官の J・G・ガーン（1745-1818）により発見され，ギリシャ語の月（*selene*）にちなんで名づけられました．硫化物のなかに少量含まれています．多くの同素体が知られていますが，もっとも安定なものは灰黒色の金属セレン（灰色セレン）で，ほかの同素体を 200 ～ 230℃に加熱すると得られます．赤色無定形セレンや黒色ガラス質セレンがあり，無定形セレンの光伝導性を活かして，複写機の感光体など電気材料や触媒などとして用いられています．

　セレンは，微量必須元素の一つで，生体にはセレンを活性中心にもち，過酸化水素の分解作用を示すグルタチオンペルオキシターゼが存在し，生体内の酸化還元反応に重要な役割を担っています．セレンが不足するとさまざまなセレン欠乏症が起こります．人でのセレン欠乏症として，中国で発見されたケシャン病（克山病）やカシン・ベック病が知られており，近年では，心不全のきっかけもセレン欠乏が関係している可能性があるといわれています．セレンは藻類や魚介類，肉類，卵黄，豆類などに豊富に含まれています．

E Bromine		ギリシャ語の「刺激臭・悪臭 (*bromos*)」	
79.90		赤褐色液体	含臭素角銀鉱
レービヒ（ドイツ）とバラール（フランス）[1826 年]			
3.120 g/cm³（液体, 20℃）		−7.2 ℃	58.8 ℃

1825 年，ハイデルベルク大学のグメーリン教授に学生のカール・レービヒ（1803-1890）がいやな臭いのする赤褐色の液体を差しだしました．故郷の鉱泉水に塩素を加えると赤くなったのでエーテル抽出したというのです．教授が関心を示し調べている最中，フランスのアントワーヌ・バラール（1802-1876）が「海水中の特別な成分」のレポートを出しました．それはレービヒが見つけた物質とそっくりでした．バラールは当時パリ大学薬科大学の助手でした．

　ヒバマタ属の海草（fucus）の灰汁を塩素水とデンプンで処理すると，溶液が 2 層に分かれました．下層はヨウ素-デンプン反応で青くなり，上層は濃いオレンジ色となりました．上層をエーテルで抽出し，水酸化カリウム水を加え，そこから結晶（現在の臭化カリウム）を得ました．それを化学処理して，この液体の元素を見つけたのです．「海水」のラテン語 *muride* に由来してムリードという名称をつけましたが，パリ科学アカデミーはギリシャ語の悪臭（*bromos*）にちなんで，臭素 Br と名づけました．臭素は，自然界から発見された最後のハロゲン元素です．

E Krypton		ギリシャ語の「隠れた (*kryptos*)」	
83.80		無色無臭気体	
ラムゼーとトラバース（イギリス）[1898 年]			
3.735 g/L（気体, 20℃）		−156.6 ℃	−152.3 ℃

19 世紀の終り，アルゴン Ar とヘリウム He の原子量をそれぞれ約 40 と 4 に決定したラムゼーは，これらの不活性元素は周期表のなかでは新しい族に相当すると考えました．さらに，原子量 4 と 40 とのあいだ，および 40 以上にも，隠された元素があるにちがいないと考えました．ロンドン生まれのトラバースは新元素に興味をもち，ラムゼーの助手として研究に参加しました．そのころ，ドイツのカール・フォン・リンデ（1842-1934）とイギリスのウィリアム・ハンプソン（1854-1926）が同時に気体の液化装置の特許をとり，気体研究に画期的な変革をもたらしました．ハンプソンから贈られた約 1 リットルの液体空気と手元の 15 リットルのアルゴンを用いて，液体空気を蒸発させたあとのフラクションを赤熱した銅 Cu とマグネシウム Mg で処理して 25 立方センチメートルの気体を得ました．これを真空管に封入し，誘導コイルをつなげて，明るい黄色と緑色に輝くスペクトルをはじめて観測しました．彼らは，この気体に，ギリシャ語の隠れた（*kryptos*）にちなみ，クリプトンと名づけました．新元素の密度を測り，周期表の臭素 Br とルビジウム Rb のあいだに位置する元素だと明らかにしました．

204 ● 元素検定

37 **Rb** ルビジウム	**E** Rubidium　**語** ラテン語の「赤い (*rubidus*)」 **原** 85.47　**色** 銀白色金属　**鉱** リチア雲母 **発** ブンゼンとキルヒホフ（ドイツ）[1861 年] **DT** 1.532 g/cm³ (20℃)　38.89℃　688℃

錬金術師たちは，現代の化学に計り知れない知恵を与えました．炎による新元素の発見もそのひとつです．彼らはある物質を火にくべると，その色で識別できることを知っていました．18 世紀には，ナトリウム塩が炎を黄色に，カリウム塩はうす紫に炎が色づくことがわかりました．19 世紀のはじめ，ドイツのヨゼフ・フォン・フラウンホーファー（1787-1826）は精巧なプリズムをつくり，これで太陽光を分析したところ，黒い線を見つけ，8 本の線にアルファベット記号をつけました．ある物質が太陽光を吸収するため，黒い線は物質固有のものとわかったのです．

　ドイツのロベルト・ブンゼン（1811-1899）は太陽光に代わるバーナーをつくりました．彼はゲッチンゲンに生まれ，学位をとり，ヨーロッパを旅して，ハイデルベルグ大学で教授となりました．物理学者グスタフ・キルヒホフ（1824-1887）と共同でキルヒホフ-ベンゼン分光器を発明し，1861 年にセシウムを，その数か月後には，リチア雲母から暗赤色の輝線を観察して，新元素を発見しました．もっとも赤い色をあらわすラテン語 *rubidus* にちなんで，新元素はルビジウムと名づけられました．ブンゼンはたいへん謙虚な人物であったと伝えられています．

38 **Sr** ストロンチウム	**E** Strontium　**語** スコットランドのストロンチアン地方 (Strontian) **原** 87.62　**色** 銀白色金属　**鉱** ストロンチアン石 **発** ホープ（イギリス）[1793 年] **DT** 2.540 g/cm³ (20℃)　777℃　1414℃

1787 年に，スコットランドのストロンチアン村の鉛鉱山から見つかったストロンチアン石が紹介されるや，多くの人々が関心を示しました．エディンバラのトーマス・ホープ（1766-1844）もこの石を詳しく調べています．彼は，カルシウム Ca とバリウム Ba の混合物ではないこと，鮮やかな赤色の炎色反応を示し，その色によりカルシウムと区別できることを示しました．ドイツのヨハン・デーベライナー（1780-1849）が，周期表作成への道を拓いた三つ組元素を提案する 24 年前の 1793 年のことでした．三つ組元素とは，カルシウム，ストロンチウム Sr，バリウムの化学的性質は互いによく似ていて，ストロンチウムの原子量はカルシウムとバリウムの原子量の平均値にほぼ等しくなるというものです．

　1808 年，イギリスのデービーは，電気分解法を用いて新元素の単離に成功します．元素名はストロンチアン石にちなみ，ストロンチウム Sr と名づけられました．純粋な金属ストロンチウムは，1924 年にアメリカのカリフォルニア大学のフィリップ・S・ダナーがストロンチウムの酸化物を金属アルミニウムや金属マグネシウムで還元して得ました．

元素データボックス● 205

39 Y イットリウム	E Yttrium	スウェーデンのイッテルビー村（Ytterby）	
	88.91	柔らかい灰白色金属	ゼノタイム
	モサンダー（スウェーデン）[1843年]		
	4.469 g/cm³ (20℃)	1522℃	3338℃

イットリウム Y は 1794 年にフィンランドのヨハン・ガドリン（1760-1852）が，ストックホルム郊外の寒村イッテルビーで採れた鉱石から見つけました．地殻には 33 ppm と鉛 Pb の 2 倍以上あり，希少な元素ではありません．この元素の発見によって，希土類元素の研究がはじまりました．年間に約 5 トン生産されるこの金属は，展性や延性に乏しく，空気中で酸化しやすい性質があります．

　用途はおもに合金材料で，鋳鉄に加えると加工しやすくなり，クロム Cr やアルミニウム Al に混ぜると，耐熱性が向上します．アルミニウムをふくむ酸化物 $Y_3Al_5O_{12}$ の結晶は，YAG とよばれる強力なレーザー源となります．生物学的な役割は知られていません．

40 Zr ジルコニウム	E Zirconium	アラビア語・ペルシア語の「金色（zircon）」	
	91.22	銀白色金属	ジルコン石
	ベルセーリウス（スウェーデン）[1824年]		
	6.506 g/cm³ (20℃)	1852℃	4361℃

ジルコニウム Zr は地殻に 190 ppm あります．この元素を含む宝石 zargun（アラビア語，金色）にちなむ名前がつきました．ドイツの化学者ベルセーリウスが 1824 年に金属をはじめて得ましたが，工業的には塩素化物をマグネシウム Mg で還元してつくります．金属は銀白色で熱に強く，化学物質に対して安定です．

　熱中性子線を吸収しにくいので，生産される金属の 9 割以上の用途が原子炉の材料です．ニオブ Nb との合金は超電導体で，強い磁場中でも超電導性を保ちます．ジルコニア ZrO_2 は歯科材料や化粧品などに使われ，単結晶は模造ダイヤモンドになります．生体元素としての役割は知られていません．

41 Nb ニオブ	E Niobium	ギリシャ神話のタンタロスの娘ニオベ（Niobe）	
	92.91	灰白色金属	コルンブ石
	ハチェット（イギリス）[1801年]		
	8.570 g/cm³ (20℃)	2468℃	4742℃

イギリスのチャールズ・ハチェット（1765-1837）は，1801 年にアメリカ産のコルンブ石からコロンビウム（コロンブスのアメリカ大陸による）を見つけました．ドイツのハインリヒ・ローゼ（1795-1864）は，1844 年にコルンブ石からタンタル Ta とニオブ Nb を分離しました．ニオブとコロンビウムはのちに同じものとわかり，1950 年にニオブが正式名称となりました．工業的に酸化物 Nb_2O_5 を炭素で還元して金属をつくります．

　鉄鋼にニオブを 0.05 %ほど添加すると，熱延や溶接時の高熱に強くなります．また，ニッケル-コバルト合金に加えると熱耐性が増すので，ロケットのエンジンや燃焼装置に利用されています．

206 ●元素検定

42 **Mo** モリブデン	**E** Molybdenum　**語源** ギリシャ語の「鉛 (*molybdos*)」 **原子量** 95.95　**色** 銀白色金属　**鉱石** 輝水鉛鉱 **発見** イェルム (スウェーデン) [1781 年] **密度** 10.220 g/cm^3 (20 ℃)　**融点** 2623 ℃　**沸点** 5557 ℃

スウェーデンのシェーレは 1778 年に輝水鉛鉱から酸化モリブデン MoO_3 を得て，友人のペーター・ヤコブ・イェルム (1746-1813) がこれを炭素 C で還元して金属としました．金属は融点が高いので熔かすことはほとんどなく，灰色粉末として販売されています．金属モリブデンの粉末は灰色ですが，融解すると白色となります．融点や沸点が高いため，低温から高温まで機械的な特徴に優れています．このため，用途の 8 ～ 9 割が合金材料で，鉄鋼に加えると溶接や加工がしやすくなり，工具類の強度は増します．化学分野では，原油の脱硫や合成繊維，合成ゴムの製造触媒などに使われています．

　モリブデンは人に必須の元素で，キサンチンオキシダーゼや亜硝酸オキシダーゼ，硝酸還元酵素，ギ酸デヒドロゲナーゼ，セレノプロテインなど多くの酵素の活性中心に存在し，生体にとって重要な働きをしています．これらの酵素中で，モリブデンは +4 と +6 の酸化数をとり，触媒反応にかかわっています．キサンチンオキシダーゼが作用してできる尿素は水に溶けないため，血液中の濃度が高くなると尿酸が結晶して，痛風という病気の原因となります．

43 **Tc** テクネチウム	**E** Technetium　**語源** ギリシャ語の「人工の (*technetos*)」 **原子量** (99)　**色** 銀白色金属，空気中でさびやすい　**鉱石** ── **発見** セグレとペリエ (イタリア) [1937 年] **密度** 11.500 g/cm^3 (20 ℃)　**融点** 2172 ℃　**沸点** 4877 ℃

メンデレーエフは周期表で，マンガン Mn のすぐ下に未知の元素エカマンガン (＝テクネチウム Tc) が存在すると予言しました．多くの人がこれを探しまわりましたが，自然界にないと気づきました．その理由は，テクネチウムの半減期 (長いものでも数十万年から数百万年) が地球の年齢 (45 億年) よりもずっと短く，すべて消失していたためです．それならモリブデン $_{42}Mo$ の原子核に陽子を打ちこめば $_{43}Tc$ ができると考え，人工的にテクネチウムがつくりだされ，ギリシャ語の「人工物 (*technicos*)」からテクネチウムの名がつきました．サイクロトロン中で，数か月にわたり強い重陽子線をあてた金属モリブデンをイタリアの化学者エミリオ・セグレ (1905-1989) が分析し，1937 年にこん跡量のテクネチウムを発見しました．さらに，1952 年にはグラム量の金属テクネチウムが合成できるようになりました．

　原子炉や加速器でつくられる人工元素ですが，意外な使い道があります．同位体 ^{99m}Tc は病気を探る医薬品です．腫瘍や骨に集まるよう設計した ^{99m}Tc 化合物がガンマ線をだすので，体内の異常が診断できます．半減期は 6 時間と短く，被曝による障害はほとんどありません．

元素データボックス● 207

44 Ru ルテニウム	Ruthenium	ロシアの古名ルテニア (Ruthenia)
101.1	銀白色金属	砂白金
オサン（ロシア）[1828年]		
12.100 g/cm³ (20℃)	2333℃	4147℃

エストニアのゴットフリート・オサン（1796-1866）は1828年にウラル産鉱石にルテニウム Ru があると主張しましたが，認められませんでした．1844年にロシアのカール・クラウス（1796-1864）が白金鉱石から純粋な金属を分離し，ようやく新元素と認定されました．元素名はロシアの古い名称 Ruthenia にちなみます．カナダや南アフリカでのニッケル Ni 精錬時の副産物として年間約12トンが工業生産され，価格は比較的安く1グラムで960円ほどです（2018年6月）．単体は安定で，金を溶かす王水にも溶けません．

　パラジウムや白金に添加すると，機械的な強度が向上します．また，食塩水の電気分解に使うチタン Ti 陽極をルテニウムめっきすると安定性が高まり，塩素ガス Cl_2 製造には不可欠です．磁気記憶媒体のハードディスクの磁性層にルテニウム層をはさむと，記録密度が4倍も増えます．化学分野でもルテニウムは活躍しています．野依良治はルテニウムをふくむ不斉合成触媒をつくり，2001年のノーベル化学賞を得ました．これは香料メントールの合成に利用されています．ルテニウムは抗がん剤としても有望で，副作用や耐性がある白金抗がん剤に代わる素材として研究が進行中です．

45 Rh ロジウム	Rhodium	ギリシャ語の「バラ色（rhodeos）」
102.9	硬い白色金属	砂白金
ウォラストン（イギリス）[1803年]		
12.400 g/cm³ (20℃)	1963℃	3695℃

ロジウム Rh は地殻中に0.0002 ppm しかない希少で高価な金属です．1803年にイギリスのウィリアム・ウォラストン（1766-1828）が粗鉱石の精製過程でバラのように赤いロジウム塩を得て，ギリシャ語のバラ色（rhodeos）にちなんで名づけられました．金属は複合塩 $(NH_4)_3RhCl_6$ を高温で水素還元してつくります．日本では採れないため全量を海外に頼っており，75％を南アフリカとロシアから輸入しています．金属は硬く光沢があり，反射率の高い皮膜をつくるので，光学機器や装飾品の表面めっきに使われます．白金 Pt との合金は強度があり，原子炉内温度を測る熱電対に利用されます．高品位のガラス製造用に必要なプラチナ-ロジウム合金でできた高温溶解炉の素材として重要です．

　もうひとつのおもな用途は触媒で，自動車排ガスの窒素酸化物の抑制に使われています．排ガス規制の強化と貴重性から，多くの廃車からロジウムが回収されています．また，有機合成分野でも使われ，とくにイギリスのジェフリー・ウィルキンソン（1973年ノーベル化学賞受賞，1921-1996）が開発した物質は，不飽和炭素化合物へ選択的に水素 H を添加する反応の触媒になります．

46 Pd パラジウム

- **E** Palladium
- 小惑星パラス (Pallas)
- 106.4
- 銀白色金属
- 砂白金
- ウォラストン (イギリス) [1803 年]
- 12.020 g/cm³ (20 ℃)
- 1552 ℃
- 2964 ℃

　パラジウム Pd は，1803 年にイギリスの化学者ウィリアム・ハイド・ウォラストン (1766-1828) が白金の精製過程で発見し，1802 年に見つかった小惑星 Pallas にちなんで名前をつけました．Pallas はギリシャ神話の女神 Athena (アテネの守護神) の別称です．地殻には 0.015 ppm あり，ほかの白金族と同時に産出します．現実には，ほとんどがカナダで産出したニッケル Ni を精錬した副産物です．

　生産量の 6 割が自動車用触媒，2 割が電子工業，1 割が歯科治療，残り 1 割が化学工業や宝飾用です．金属は白金 Pt に似た銀白色で延性・展性があり，金と同様に厚さ 0.001 ミリメートルの金属箔に加工できます．水素分子が金属パラジウム表面につくと，原子に分かれて内部に浸透するので，金属パラジウムは自身の約 900 倍の体積もの水素ガスを吸収することができます．吸収された水素は，高温で放出されます．この現象を利用すると，水素ガスを含む混合気体から水素を除去できます．化学工業では，用途の多様な硝酸やペットボトル製造に使うテレフタル酸合成で，パラジウム触媒が使われています．また，白金よりも軽くて廉価なので，合金材料としても重要です．

47 Ag 銀

- **E** Silver
- アングロサクソン語の「銀 (siolfur)」
- 107.9
- 銀白色金属
- 自然銀
- 古来より知られている
- 10.500 g/cm³ (20 ℃)
- 961.93 ℃
- 2162 ℃

　銀 Ag は，金 Au や銅 Cu と同様に太古から知られている金属です．元素記号は，アルゼンチン国名と関連するラテン語 argentum (白い輝き) に，元素名は古代サクソン語の名称 silobar にちなんでいます．16 世紀まで銀の生産量は少なく，中世ヨーロッパでは金よりも高価でした．その後，中南米で銀の大鉱脈が見つかり，価格は下落しました．現在では，銅，鉛 Pb，亜鉛 Zn，金の精錬時の副産物として採れ，2011 年に 2 万 3 千トンが世界で生産されています．2018 年の取引価格は 1 グラム約 60 円で，もはや貴金属の印象はありません．

　銀は光反射率 98% で美しく輝き，装飾品や食器，通貨などに利用されます．展延性は金のつぎに大きく，0.0015 ミリメートルの銀箔にでき，1 グラムを約 2 キロメートルまで引き伸ばせます．臭化銀 AgBr は感光すると黒くなるため，写真フィルムや印画紙に使われましたが，デジタルカメラの進歩で需要は激減しました．銀はすべての金属でもっとも優れた熱と電気の伝導性をもち，電子回路などに活用されています．Ag⁺ イオンは殺菌作用があるため，殺菌消毒薬になります．

- **E** Cadmium **語源** フェニキア神話の王子カドムス（Cadmus）
- **原子量** 112.4 **色** 銀白色金属 **鉱石** 菱亜鉛鉱（カドミア）
- **発見者** シュトロマイヤー（ドイツ）[1817年]
- **密度** 8.650 g/cm³ **融点** 321.03 ℃ **沸点** 767 ℃

カドミウム Cd は地殻中に 0.11 ppm あります．ドイツの化学者フリードリヒ・シュトロマイヤー（1776-1835）が 1817 年に不純な炭酸亜鉛の鉱石カドミア cadmia から見つけ，ここから元素名をつけました．金属は，亜鉛精錬の残留物を硫酸に溶かし，溶けた Cd^{2+} イオンを亜鉛 Zn で還元してつくります．2010 年の世界生産量は 2 万 2 千トンです．ナイフで切れるほど柔らかな金属で，空気で酸化されると，表面には内部を保護する褐色被膜ができます．

　鉄鋼や銅製品のカドミウムめっきはさびを防ぐ効果があります．同位体のひとつ ^{113}Cd は中性子を吸収する能力が大きく，原子炉の出力を調整する制御棒に使われています．正極に金属ニッケル Ni，負極に酸化カドミウム CdO を使うニッケル-カドミウム電池は，マンガン電池と違い，長寿命で何千回も再充電できる特長があります．鮮やかな黄色の硫化カドミウム CdS は印刷インクやプラスチック着色剤などに使われましたが，カドミウムの毒性から使用量が減少しています．日本では 1960 年代に，カドミウム中毒の「イタイイタイ病」が発生し，大きな社会問題となりました．

- **E** Indium **語源** ラテン語の「藍色 (*indicum*)」
- **原子量** 114.8 **色** 銀白色金属 **鉱石** 閃亜鉛鉱
- **発見者** リヒターとライヒ（ドイツ）[1863年]
- **密度** 7.310 g/cm³ (25 ℃) **融点** 156.61 ℃ **沸点** 2072 ℃

インジウム In は 1863 年にドイツのテオドール・リヒター（1824-1898）と助手のフェルディナント・ライヒ（1799-1882）により，閃亜鉛鉱の発光スペクトルから発見されました．スペクトル（波長は 451 ナノメートル）の色がインジゴブルー（ジーンズなどに使われている藍色染料）に似ていたため，インジウムと名づけられました．

　インジウムは発光ダイオードだけではなく，ほとんどの家電機器に欠かせない元素です．携帯電話や薄型テレビなど，液晶ディスプレイには，ITO（Indium Tin Oxide）とよばれる酸化インジウムスズが使われています．これは透明なガラス状の材料ですが，石英ガラスとは異なり電気を流します．この特性を活かして，透明電動板として液晶画面をコントロールするために使われており，プラズマテレビや有機 EL ディスプレイ，太陽電池などにも用いられています．現在 ITO に代わり工業化された代用品はなく，貴重な材料です．インジウムは，現在は中国でほぼ生産されていますが，かつては日本の北海道札幌市にある豊羽鉱山が世界一の鉱山産出量を誇っていました．しかし，2006 年に採算の悪さや資源枯渇などの問題から閉山されました．

210 ●元素検定

50 **Sn** スズ	**E** Tin	**図** エトルリア文明の「明るい空の神（Tinia）」
	⚛ 118.7	**🔍** 白色金属	**💎** 錫石
	🏛 古来より知られている	
	📊 5.750 g/cm³（白色スズ）	**🌡** 231.968 ℃	**🌡** 2603 ℃

スズ Sn は有史以前から知られ，人類に多大な貢献をしている金属です．比較的単純な技術で鉱石から製錬できるため，紀元前から使われてきました．人類が石器をおもな道具として使っていた石器時代が終わると，つぎは青銅をおもに使う青銅器時代がやってきます．この青銅は銅 Cu とスズの合金で，銅にスズを 1 ～ 3 割ほど混ぜ込んでつくります．混合比を調節することで適切な性質の合金が得られるため，鉄器時代の到来までのあいだ，人類に欠かせない材料となりました．

鉄 Fe は青銅より安価で，硬い金属であったため，重要な材料として重宝されていましたが，鉄の弱点は「さびる」ということです．そこで，鉄の鋼板をスズめっきすることにより，さびを防ぎ，鉄の強度とスズの美しい光沢をもち，かつさびにくい新しい材料が開発されました．これが，昔のおもちゃや缶の材料として知られる「ブリキ」です．

スズは現在でも，ブリキやはんだに代表されるように，ほかのさまざまな金属と合金をつくり，利用されています．

51 **Sb** アンチモン	**E** Antimony	**図** ギリシャ語の「見いだされない（*anti-monos*）」
	⚛ 121.8	**🔍** 白色金属	**💎** 輝安鉱
	🏛 古来より知られている	
	📊 6.691 g/cm³（20 ℃）	**🌡** 630.74 ℃	**🌡** 1587 ℃

アンチモン Sb は，おもに硫化物のかたちで化粧品や医薬として使われており，有史以前のアフリカで利用されていた痕跡があります．世界三大美女の古代エジプト女王クレオパトラは，アイシャドウとして輝安鉱の黒色粉末を使いました．アンチモンの単体は，輝安鉱 Sb_2S_3 を鉄 Fe で還元するか，あるいは一度焼いて酸化物とし，それを炭素 C で還元して得ます．

現在でも蓄電池の電極剤や耐摩耗材，活字合金，半導体などに使われています．

元素記号は Sb（輝安鉱，Stibium が由来）ですが，元素名はアンチモン（Antimony）です．名前の由来は諸説あり，明確ではありません．皮膚病やハンセン病の治療に使われていたことから，医者（僧侶）いらず，の意味で anti（いらない）＋ monachon（僧侶）→ antimon という説や，栄養失調の回復を期待して痩せた僧侶に与えたところ，逆に多くの僧侶が死んでしまった，という逸話から，僧侶殺し＝アンチ・モンクという説もあります．「孤独嫌い」（anti-monos，アラビア語）という説もあります．

52 Te テルル

- **E** Tellurium
- ラテン語の「地球 (*Tellus*)」
- 127.6
- 銀灰色固体
- カラヴェラス鉱
- ライヒェンシュタイン（オーストリア）とクラップロート（ドイツ）[1798年]
- 6.240 g/cm³ (20℃)
- 449.8℃
- 991℃

テルル Te は地殻中にほとんどない，稀な元素で，硫化鉱中に少量ふくまれているだけです．カラヴェラス鉱など，テルル化金 $AuTe_2$ を主成分とする鉱物からミュラー・フォン・ライヒェンシュタイン（1740-1825）とクラップロートによって発見されました．この鉱物がテルル源として利用されていましたが，現在では銅 Cu を精製する際の副産物として得られています．

テルルに光をあてると電気を流しやすくなる性質を利用して，複写機のドラムや光ディスクなどに利用されています．とくに，テルルを主成分とするゲルマニウム-アンチモン-テルルの「相変化記憶材料」とよばれる無機材料は，DVD-RAM などに利用されています．また，テルルとビスマス Bi の化合物（Bi_2Te_3）は，ペルチェ素子（熱電素子）として，電子冷却装置に利用されています．熱電素子はフロンなどの環境負荷の高い冷媒や，コンプレッサーなどの大型装置が必要なく，機材を冷却できるため，小型冷蔵庫やコンピュータの CPU 冷却などには必要不可欠な材料といえるでしょう．テルルは硫黄 S やセレン Se と同族元素であり，互いに性質がよく似ています．テルルはニンニクのようなにおいがします．

53 I ヨウ素

- **E** Iodine
- ギリシャ語の「スミレ色 (*iodes*)」
- 126.9
- 黒紫色固体
- ヨウ化銀鉱
- クールトア（フランス）[1811年]
- 4.930 g/cm³ (20℃)
- 113.6℃
- 184.4℃

もっとも美しい元素のひとつ，ヨウ素 I は硝石製造業者であり化学者であったフランスのベルナール・クールトア（1777-1838）により発見されました．さまざまな褐色の海藻を燃やし，その灰を水で抽出した母液を蒸発して，硫黄化合物を分解するために硫酸を加えていたクールトアは，1811年のある日，必要以上の硫酸を加えてしまいました．すると驚くほど美しい紫色の蒸気が立ち込め，やがて金属光沢をもつ黒っぽい結晶として析出しました．新元素発見の予感がしたクールトアは，友人に協力を頼み，1813年にその成果を化学論文として発表しました．フランスのジョセフ・ルイ・ゲイ＝リュサックとイギリスのハンフリー・デービーは，それを新元素と認め，デービーがギリシャ語のスミレ色（*iodes*）にちなんでヨウ素と名づけました．

クールトアは貧乏のなかで亡くなりましたが，ディジョン市は1913年にヨウ素発見100年を記念して祝典を開催し，街路のひとつに彼の名前がつけられています．1820年には，ヨウ素による甲状腺腫の治療法の論文が，スイスの医師ジャン・フランシス・コアンデ（1774-1834）により発表されました．

- **E** Xenon
- ギリシャ語の「異邦人，なじみにくいもの (*xenos*)」
- 131.3
- 無色無臭気体
- ラムゼーとトラバース（イギリス）[1898 年]
- 5.8971 g/L（気体，0 ℃）
- −111.9 ℃
- −108.1 ℃

キセノン

1898 年に不活性元素クリプトン Kr を発見したラムゼーとトラバースは，ルートヴィヒ・モンド（1839-1909）から提供された新しい液体空気製造機を使ってクリプトンとネオン Ne をつくっていました．クリプトンをさらに繰り返し分留すると，重い気体が分離できました．この気体を真空管に入れスペクトルを観測したところ，美しい青色の光が輝きました．新元素だと確認し，ギリシャ語の異邦人（*xenos*）にちなんでキセノン Xe と名づけました．ラムゼーは，生涯に 5 つの不活性元素を発見しています．

さて，不活性元素は本当に化学的に不活性でしょうか？　これにチャレンジする研究がいろいろと行われましたが，成功しませんでした．しかし，1963 年，カナダのネイル・バートレット（1932-2008）と D・H・ローマンは，新化合物ヘキサフルオロ白金酸キセノン $XePtF_6$ の合成に成功しました．ヘキサフルオロ白金酸は酸素 O を酸化するため，酸素に近いイオン化エネルギーをもつキセノンも酸化されるのではと考え，キセノン化合物の合成に成功したのです．この大成功に続いて，クリプトン，ラドン Rn，アルゴン Ar を含む化合物も続々と合成され，新しい化学が生まれました．

- **E** C(a)esium
- ラテン語の「青空 (*caesius*)」
- 132.9
- 銀白色金属
- ポルクス石
- キルヒホフとブンゼン（ドイツ）[1860 年]
- 1.873 g/cm³（20 ℃）
- 28.44 ℃
- 671 ℃

セシウム

ゲッチンゲン大学で学位を得たブンゼンは，3 年間ヨーロッパを旅し，ポーランドのブレスラウ工業専門学校の教授をしているとき，キルヒホフ（1824-1887）と出会いました．2 人でハイデルベルグ大学に移り，キルヒホフ-ブンゼン分光器をつくりました．フラウンホーファーが発見した太陽光スペクトルの黒い線がナトリウム Na のスペクトルと一致することを見いだし，分光器から太陽の構成元素を同定できる方法を発見しました．彼らはこの方法を用いて，デュルクハイムの鉱水から 2 本の青い線を見つけます．1 本はストロンチウム Sr 由来でしたが，もう 1 本は新元素によるものでした．古代から蒼穹の青さをあらわすときに用いたラテン語の *caesius* にちなんで，セシウムと名づけました．

キルヒホフはケーニヒスベルク（ロシアのカリーニングラード）で生まれ，ベルリン大学講師，ブレスラウ大学員外教授，ハイデルベルグ大学教授となり，ブンゼンと研究をしたのち，ベルリン大学に戻り，ヘルマン・ルートヴィヒ・フェルディナンド・フォン・ヘルムホルツ（1821-1894）と研究をしました．キルヒホフは思索的で，純粋数学を好んで研究しました．

元素データボックス ● 213

56 Ba バリウム

- E: Barium
- ギリシャ語の「重い（barys）」
- 137.3
- 銀白色金属
- 重晶石
- デービー（イギリス）[1808年]
- 3.594 g/cm³ (20℃)
- 729℃
- 1898℃

17世紀，イタリアのボローニャの靴職人で錬金術師であったヴィンセンツォ・カッシャローロ（1571-1624）は，重晶石（バライト）を可燃物と燃やして得た物質が暗いところでりん光をだすことを見いだし，「ボローニャ石」として知られるようになりました．これをきっかけに，多くの人びとが光る成分の研究をはじめます．シェーレは，この石がアルカリ性の塩類と硫黄 S を含んでいることやバライタ（酸化バリウム）がつくれることを見いだしました．また，バライタを炎に入れると，緑色に変化することもわかりました．一方，イギリスのデービーは，電気分解法を用いて 1808 年に金属のアマルガムの生成に成功します．この新元素はギリシャ語の重い（barys）にちなんで，バリウムと名づけられました．1901 年に得られた純粋な金属バリウムは，比重が約 3.5 なので，軽金属に分類されます．消化管系の X 線の造影剤に硫酸バリウムが用いられたのは，1908 年からです．

バリウムは緑色の炎色反応を示すため，花火の材料，最近では高温超伝導体としての YBCO（イットリウム・バリウム・銅酸化物）や LED ランプの青色や緑色蛍光体の材料などに用いられています．

57 La ランタン

- E: Lanthanum
- ギリシャ語の「隠れる（lanthanein）」
- 138.9
- 銀白色金属
- バストネス石
- モサンダー（スウェーデン）[1839年]
- 6.145 g/cm³ (25℃)
- 920℃
- 3461℃

ランタノイドという名前はランタン La に似たものという意味で，周期表の 57 番元素ランタン La から 71 番元素ルテチウム Lu までの 15 個の元素です．ランタノイドがメンデレーエフの周期表の 1 マスのなかに収まらず，別に欄をつくって並べられたのは当時知られていなかった 14 個まで電子を収容できる f 軌道に電子をもっているためです．ランタノイドは物質中や溶液中では +3 価になりやすく，化学結合をつくる外側の 6s 軌道，5p 軌道はそれぞれの元素で同じため，非常によく似た化学的性質をもっています．このため，ランタノイドの分離はとても困難で，すべてのランタノイドが発見されるまで，100 年以上という長い時間が必要でした．

1839 年，スウェーデンのカール・グスタフ・モサンダー（1797-1858）が，その師ベルセーリウスによって分離されたセリア（セリウム Ce の酸化物）から純粋なセリウムを分離することに成功したとき，ランタンも同時に分離されて，発見されました．のちに，モサンダーが発見したランタンにはサマリウム Sm など，さらに別のランタノイドが含まれていることがわかりました．

58 Ce セリウム

- **E** Cerium
- ローマ神話の女神ケレス（Ceres）
- 140.1
- 灰白色金属
- モナズ石, セル石
- ベルセーリウスとヒージンガー（スウェーデン），クラップロート（ドイツ）[1803年]
- 6.749 g/cm³（β固体，25℃）
- 799℃
- 3426℃

58番元素セリウム Ce はランタノイドで最初に発見された元素です．セリウムの発見はそれに続くランタノイド発見の道筋の険しさを予感させる前ぶれでした．1794年にガドリンがスウェーデンのイッテルビー村で見つけ，新元素イットリウム Y を発見した鉱石から，1803年，ベルセーリウスとウィルヘルム・ヒージンガー（1766-1852），クラップロートが独立に新元素セリウムを発見したと報告がありました．しかし，そのとき発見されたのはセリア CeO_2 という酸化物で，セリウムのほかにガドリニウム Gd など，ほかのランタノイドも含まれる混合物でした．1839年になってベルセーリウスの弟子モサンダーがベルセーリウスの発見したセリアから純粋なセリウムを分離することにはじめて成功したのです．

セリウムの酸化物セリアはガラスのよい研磨剤で，仕上げの工程でよく使われます．これは，酸化セリウムとガラスは化学的に反応し，研磨材の粒子がガラスの表面を削るだけでなく，化学反応によって表面の凹凸を平坦にする効果があるからです．メガネや液晶パネル，宝石などの研磨に使われています．

59 Pr プラセオジム

- **E** Praseodymium
- ギリシャ語の「緑の双子（*prasios* + *didymos*）」
- 140.9
- 銀白色金属
- サマルスキー石
- ウェルスバッハ（オーストリア）[1885年]
- 6.773 g/cm³（20℃）
- 931℃
- 3512℃

1839年セリウム Ce とランタン La の分離に成功したモサンダーは，ランタンがさらにランタンと別の物質に分かれることに気づき，ランタンと双子の関係ということでその物質にギリシャ語で双子を意味するジジミウムという名前をつけました．以後，40年以上にわたり，ジジミウムは元素と考えられていて，メンデレーエフも1864年に出版した最初の周期表にジジミウムを意味する Di という元素記号を載せていました．その後，1885年になって，オーストリアのカール・ウェルスバッハ（1858-1929）はプラセオジム Pr とネオジム Nd を分別結晶法により分離し，ジジミウムが元素ではなく混合物だと明らかにしました．プラセオジムの塩はきれいな緑色をしていたため，ギリシャ語の「*prasios*（淡緑の）」の「*didymos*（双子の）」からプラセオジムと名づけられました．

プラセオジムイオンの原子価は +3，+4 があり，+4 価は固体中で安定とされています．両方の価数のイオンを含むプラセオジムの酸化物 Pr_6O_{10} は，ガラスの着色剤（黄緑色）に使われます．また，プラセオジム磁石（$PrCo_5$）は機械的強度が高く，ドリルでの穴開けや切削などの加工も可能で，割れや欠けにも強くさびにくいことも特徴です．ただし，高価なコバルト Co を含むため，ネオジム磁石ほどは普及していません．

元素データボックス ● 215

60 **Nd** ネオジム	**E** Neodymium 　ギリシャ語の「新しい双子 (*neos* + *didymos*)」 144.2　銀白色金属　サマルスキー石 ウェルスバッハ (オーストリア) [1885 年] 7.007 g/cm³ (20 ℃)　1021 ℃　3068 ℃

1885 年にオーストリアのウェルスバッハによってジジミウムからプラセオジム Pr と一緒に分離された元素がネオジム Nd です．ギリシャ語の「*neos*（新しい）」+「*didymos*（双子の）」から，ネオジムと名づけられました．プラセオジム，ネオジムともにその命名には，それまで元素と考えられていたジジミウムの影響があったことがうかがわれます．ネオジムは強力なネオジム磁石（$Nd_2Fe_{14}B$）の主要元素としてよく知られていますが，もうひとつの重要な用途が強力な YAG レーザーです．イットリウム-アルミニウム-ガーネットという酸化物の結晶にネオジムを少量加えたもので，Nd^{3+} イオンの電子を励起させることで，強いレーザー光が発生します．半導体の加工などさまざまな工業用途で使用されています．

61 **Pm** プロメチウム	**E** Promethium 　古代ギリシャ神話の火の神プロメテウス (Prometeus) (145)　銀白色金属　—— マリンスキー，グレンデニン，コライエル (アメリカ) [1947 年] 7.220 g/cm³ (25 ℃)　1168 ℃　2727 ℃

1940 年代，原子力開発が強力に進められるなかで，ウラン U や放射性希土類元素の分離・精製技術の中心となる陽イオン交換クロマトグラフィー法が発展しました．そして 1946 年，アメリカのチャールズ・コライエル（1912-1971）らの研究グループはこの方法で，原子炉の核分裂反応での生成物のなかから自然界には存在が知られていなかった最後のランタノイドとなる質量数 147 と 149 の 61 番元素，プロメチウム Pm を発見しました．

　安定な同位体が存在するもっとも原子番号の大きい 82 番鉛 Pb より軽い元素で，安定同位体をもたないのはプロメチウムとテクネチウム Tc の 2 元素だけです．

62 **Sm** サマリウム	**E** Samarium 　サマルスキー石の発見者サマルスキー (Samarsky) 150.4　灰白色金属　サマルスキー石 ボアボードラン (フランス) [1879 年] 7.520 g/cm³ (20 ℃)　1072 ℃　1791 ℃

1879 年，フランスのポール・ボアボードラン（1838-1912）はロシアで産出するサマルスキー石を研究し，その成分であり，当時は元素と考えられていたジジミウムから新しい元素を分離することに成功しました．サマリウム Sm の名前はサマルスキー石に由来しています．このとき発見されたサマリウムはまだ純粋なものではなく，ここから 1880 年にガドリニウム Gd，1896 年にユウロピウム Eu が発見されています．サマリウムの重要な用途は強力なサマリウム磁石（$SmCo_5$，Sm_2Co_{17}）で，これがウォークマンの初代機のヘッドホンに使われ，小型で高音質な音楽を手軽に楽しめるポータブルオーディオの発展に大きく貢献しました．

216　●元素検定

| 63 **Eu** ユウロピウム | **E** Europium　**国** ヨーロッパ（Europe）
⚛ 152.0　**🔍** 銀白色金属　**✎** ──
🏠 ドマルセ（フランス）[1896 年]
DT 5.243 g/cm³ (20℃)　**MP** 822℃　**BP** 1597℃ |

1896 年，フランスのウジェーヌ・ドマルセ（1852-1904）は，1879 年にフランスのボアボードランによって発見されたサマリウム Sm を詳しく調べ，さらに別の元素の分離に成功しました．これが 63 番元素で，ヨーロッパ大陸にちなみ，ユウロピウム Eu と名づけられました．のちに 5f 軌道に電子をもつアクチノイドでユウロピウムの真下に位置する人工の 95 番元素に，アメリカ大陸にちなんだアメリシウム Am という名前がつけられています．
　ユウロピウムは軽希土類とよばれるランタノイド前半の元素のなかではもっとも地殻中の存在量が少ない元素ですが，ヒ素 As やゲルマニウム Ge と同程度には存在します．ユウロピウムの用途としては赤色の蛍光体が代表的で，液晶テレビなどに使われています．

| 64 **Gd** ガドリニウム | **E** Gadolinium　**国** 希土類元素の発見者ガドリン（Gadlin）
⚛ 157.3　**🔍** 銀白色金属　**✎** ガドリン石
🏠 マリニャック（スイス）[1886 年]
DT 7.9004 g/cm³ (25℃)　**MP** 1313℃　**BP** 3266℃ |

1878 年にイッテルビウム Yb を発見したスイスのジャン・マリニャック（1817-1894）は，フランスのボアボードランがジジミウムからサマリウム Sm を発見したことを知り，さらに詳しくジジミウムを研究し，1880 年，そのなかに別の元素が含まれることを発見しました．その後，ボアボードランはこれが新しい元素だと確認し，最初に希土類元素を含む鉱物ガドリン石を発見したガドリンをたたえ，ガドリニウム Gd と命名しました．
　ランタノイド元素は 4f 軌道の電子により磁性を示します．とくにガドリニウムイオン Gd^{3+} はその磁性（磁気モーメント）がランタノイド中で最大になるため，その錯体が磁気共鳴画像法（MRI）の画像を鮮明化する造影剤として使われています．

| 65 **Tb** テルビウム | **E** Terbium　**国** スウェーデンのイッテルビー村（Ytterby）
⚛ 158.9　**🔍** 銀灰色金属　**✎** ガドリン石
🏠 モサンダー（スウェーデン）[1843 年]
DT 8.229 g/cm³ (20℃)　**MP** 1356℃　**BP** 3123℃ |

1843 年，スウェーデンのモサンダーはフィンランドのガドリンが発見したガドリン石に含まれる酸化物イットリアをくわしく分別することにより，3 つの成分を取りだすことに成功しました．そのひとつが 65 番テルビウム Tb で，あとの 2 つが 39 番イットリウム Y と 68 番エルビウム Er です．テルビウムとジスプロシウム Dy，鉄 Fe を含む合金は磁化の方向に長さが変わる磁歪効果が大きく，電動アシスト自転車で人がペダルをこぐ力を検出するトルクセンサーに使われています．また，円柱状のジスプロシウム合金にコイルを巻いた磁歪素子はコイルに音声電流を流すことで，素子に取りつけたアクリル板を振動させるスピーカーにも使われています．

元素データボックス ● 217

66 **Dy** ジスプロシウム	**E** Dysprosium　**㊥** ギリシャ語の「近づきがたい (*dysprositos*)」 **⚛** 162.5　**◯** 銀白色金属　**⬮** ゼノタイム **⚗** ボアボードラン (フランス) [1886 年] **DT** 8.550 g/cm^3 (20 ℃)　**MP** 1412 ℃　**BP** 2562 ℃

1879 年にサマリウム Sm を発見したフランスのボアボードランは，1886 年に当時ホルミウムとされていたもののなかに別の元素のスペクトルを発見し，新しい元素を分離することに成功しました．それが 66 番元素ジスプロシウム Dy です．その発見がいかに困難だったかを示すように，名前はギリシャ語の *dysprositos* (近づきがたい) からつけられました．ランタノイドの後半の重希土類とよばれる元素のなかでは地殻中にもっとも多くふくまれています．工業的にも重要で，強力なネオジム磁石の使用可能温度を 80 ℃から 200 ℃まで高めることができます．また，Dy^{3+} イオンは光をため込んで発光体 Eu^{2+} に与える効果があり，これらを組み合わせた蓄光性物質が非常サインなどに使われています．

67 **Ho** ホルミウム	**E** Holmium　**㊥** ストックホルムの古名ホルミア (Holmia) **⚛** 164.9　**◯** 銀白色金属　**⬮** ── **⚗** クレーベ (スウェーデン) [1879 年] **DT** 8.795 g/cm^3 (20 ℃)　**MP** 1474 ℃　**BP** 2395 ℃

ホルミウム Ho とツリウム Tm の発見は，ランタノイド元素の分離の難しさをよく現しています．1843 年にスウェーデンのモサンダーは当時イットリウム Y とされていたものから，純度の高いイットリウムと 2 つの新元素テルビウム Tb およびエルビウム Er を分離しました．その後，1879 年にスウェーデンのペール・テオドール・クレーベ (1840-1905) がエルビウムとされていたものから，さらに 2 つの新しい元素を分離することに成功しました．そのひとつが 67 番元素で，スウェーデンの首都ストックホルムにちなんでホルミウムと名づけられました．YAG レーザーに少量のホルミウムを添加したホルミウム YAG レーザー (YAG：Ho) は，前立腺や尿路結石などの手術に利用されています．

68 **Er** エルビウム	**E** Erbium　**㊥** スウェーデンのイッテルビー村 (Ytterby) **⚛** 167.3　**◯** 灰白色金属　**⬮** ── **⚗** モサンダー (スウェーデン) [1843 年] **DT** 9.066 g/cm^3 (25 ℃)　**MP** 1529 ℃　**BP** 2863 ℃

エルビウム Er は 1843 年，スウェーデンのモサンダーにより，スウェーデンのイッテルビーで採れたガドリン石からテルビウム Tb と同時に発見されました．現在，エルビウムは重希土類の含有量の多い鉱石ゼノタイムからイオン交換法により分離・生成されています．

　+3 価のエルビウムに波長が 1.55 マイクロメートルのレーザーがあたるとエルビウムのエネルギーが励起され，元の状態に戻るときに同じ波長の強い光を放出します (誘導放射)．石英でできた光ファイバーの途中にエルビウムを含む石英を増幅器としてはさんだものが海底ケーブルに使用されています．

218 ●元素検定

69 **Tm** ツリウム	**Ⓔ** Thulium　**🌍** スカンジナビア半島の旧地名ツーレ (Thule) **⚛** 168.9　**🔵** 銀白色金属　**✏** ── **⚗** クレーベ (スウェーデン) [1879 年] **▦** 9.321 g/cm³ (20 ℃)　**🔥** 1545 ℃　**🔥** 1947 ℃

スウェーデンのペール・テオドール・クレーベが当時エルビウム Er とされていたものから，ホルミウム Ho を分離したとき，同時にもう一つ発見したのが 69 番元素ツリウム Tm です．ツリウムはランタノイドのなかでも産出量が少なく，価格が高いものです．

　ツリウムもエルビウムのように光ファイバーの増幅器としての働きがあり，エルビウムが使えない波長帯域も補って大量のデータ通信を可能にしました．

　ツリウムは放射線を測定するための熱ルミネッセンス線量計に使用されています．ツリウムを発光活性剤としてふくむ結晶に，放射線をあてたあとに加熱すると発光しますが，その発光量から被ばく量がわかります．

70 **Yb** イッテルビウム	**Ⓔ** Ytterbium　**🌍** スウェーデンのイッテルビー村 (Ytterby) **⚛** 173.0　**🔵** 灰白色金属　**✏** ガドリン石 **⚗** マリニャック (スイス) [1878 年] **▦** 6.965 g/cm³ (20 ℃)　**🔥** 824 ℃　**🔥** 1193 ℃

このイッテルビウム Yb もスウェーデンのイッテルビー村から採取されたガドリン石から分離・発見された元素です．1878 年，スイスのジャン・マリニャック (1817-1894) は 1843 年にスウェーデンのモサンダーにより分離されたエルビウム Er をさらに分別して，エルビウムとは異なる新元素イッテルビウムを発見しました．多くのランタノイドのイオンは 3+ の価数を取りますが，イッテルビウムでは 4f 軌道に電子が 14 個詰まって閉殻となる 2+ の価数をもつ化合物が存在することも特徴です．

　イッテルビウムはガラスの着色料として使われ，黄緑色に発色します．ほかにレーザーの添加剤や鉄鋼に加えて粘り気をだす用途にも使われています．

71 **Lu** ルテチウム	**Ⓔ** Lutetium　**🌍** パリの古名ルテチア (Lutetia) **⚛** 175.0　**🔵** 銀白色金属　**✏** ── **⚗** ユルバン (フランス) [1907 年] **▦** 9.840 g/cm³ (20 ℃)　**🔥** 1663 ℃　**🔥** 3395 ℃

1907 年にフランスのジョルジュ・ユルバン (1872-1938) は天然に存在するランタノイドとしては最後となる 71 番元素の分離に成功しました．1794 年にイットリウム Y を含む鉱石が発見されてから 113 年，また，1803 年に最初のランタノイド，セリウム Ce が発見されてからも 104 年の時間が経過していました．化学的性質が似たランタノイドを分離することがいかに難しいかを物語っています．

　ユルバンは自身でピアノを弾き，作曲も行い，絵画や彫刻も楽しむなど芸術的な才能もあったようです．元素名は彼の出身地パリの古名ルテチアから名づけられました．

　ルテチウム 175 (^{175}Lu) の半減期は 220 億年と長いので，古代の年代測定に使われます．

元素データボックス● 219

72 Hf ハフニウム

- **B** Hafnium
- コペンハーゲンのラテン語名ハフニア (*Hafnia*)
- 178.5
- 灰色金属
- ジルコン
- コスター（オランダ）とへベシー（ハンガリー）［1923年］
- 13.310 g/cm³ (20℃)
- 2230℃
- 5197℃

ハフニウム Hf はその存在が理論的に予想され，それに基づいて発見された元素です．量子論の発展に大きく貢献したデンマークのニールス・ボーア（1855-1962）は，1922年に当時まだ未発見だった72番元素の存在を量子論から予言しました．72番元素はランタノイドではなく第4族元素で，周期表のすぐ上に位置するジルコニウム Zr と一緒に鉱石中にふくまれているはずだと考えました．そして，コペンハーゲンにあるニールス・ボーア研究所のディルク・コスター（1889-1950）とゲオルク・ド・ヘベシー（1885-1966）がジルコン鉱石から予言通り，72番元素を発見しました．ハフニウムはコペンハーゲンのラテン語名 *Hafnia* にちなんで命名されました．

73 Ta タンタル

- **B** Tantalum
- ギリシャ神話の神タンタロス（Tantalos）
- 180.9
- 灰黒色金属
- タンタル石
- エーケベリ（スウェーデン）［1802年］
- 16.654 g/cm³ (20℃)
- 2985℃
- 5510℃

タンタル Ta は希土類元素ではありませんが，多くの希土類元素が発見されたスウェーデンのイッテルビーで採取された鉱石のなかから，スウェーデンのアンデシュ・エーケベリ（1767-1813）により1802年に発見されました．その分離にたいへん苦労したことから，ギリシャ神話にでてくる神々から幾多の苦難を与えられたタンタロスにちなんで命名されました．

　タンタル金属の融点は2985℃と非常に高く，炭素との化合物（TaC$_{0.89}$）は2種類の元素からなる物質のなかでは最高の融点4000℃に達します．さらにタンタル，ハフニウム Hf と炭素 C の化合物は全物質のなかで最高の融点4215℃をもっています．

74 W タングステン

- **B** Tungsten
- スウェーデン語の「重い石（tungsten）」
- 183.8
- 灰白色金属
- 灰重石，鉄マンガン重石
- シェーレ（スウェーデン）［1781年］
- 19.300 g/cm³ (20℃)
- 3407℃
- 5555℃

タングステン W は，バリウム Ba，塩素 Cl，マンガン Mn，モリブデン Mo を発見したスウェーデンのシェーレにより1781年に発見されました．スウェーデン語で重い石を意味するタングステン（現在では灰重石：CaWO$_4$）から分離され，その石の名前が元素名になりました．がんなどの放射線治療にリニアック（直線加速器）とよばれる装置が使われています．これは直線上で高速に加速した電子をタングステンにあてたときに発生する X 線を使います．リニアックは通常のレントゲン撮影で使用する X 線の百倍以上のエネルギーの X 線を発生させることができ，多方向から腫瘍部分の放射線量が高くなるようにピンポイントで照射して，正常組織へのダメージを抑えつつ治療をおこないます．

220 ●元素検定

75 **Re** レニウム	Ⓔ Rhenium	Ⓝ ライン河のラテン名レーヌス（*Rhenus*）
	⊛ 186.2	Ⓞ 銀白色金属	Ⓖ 輝水鉛鉱
	Ⓐ ノダック，タッケ，ベルク（ドイツ）[1925 年]
	Ⓓ 21.020 g/cm³ (20℃)	3180℃	5596℃

1908 年にロンドン大学に留学中の小川正孝は新元素として 43 番元素ニッポニウムの発見を発表しましたが，残念なことに分析が間違っていました．実際はのちにレニウムと名づけられた 75 番元素を発見していたのです．正しく分析ができていれば，100 年以上前に日本を表す名前をつけることができたかもしれません．

レニウムの用途としては 2300℃の高温までの温度測定ができる高温熱電対（W-Re）や，フィラメント，ペン先，電気接点などがあります．

レニウムの酸化物（ReO_3）は銀に匹敵する，酸化物としてはもっとも電気伝導度が高い材料です．

76 **Os** オスミウム	Ⓔ Osmium	Ⓝ ギリシャ語の「におい（*osme*）」
	⊛ 190.2	Ⓞ 青灰色金属	Ⓖ イリドスミン
	Ⓐ テナント（イギリス）[1803 年]
	Ⓓ 22.590 g/cm³ (20℃)	3045℃	5012℃

オスミウム Os は次の 77 番元素イリジウム Ir と同時に，1803 年にイギリスのスミソン・テナント（1761-1815）によって発見されました．加熱すると四酸化オスミウムによる刺激臭を発するため，ギリシャ語のにおい（*osme*）からオスミウムと命名されました．

ところで，四酸化オスミウムはエチレンをグリコールに変えるなど，有機合成化学における触媒や，電子顕微鏡で生体組織を観察するときの固定剤など重要な用途がありますが，猛毒のため，取り扱いには注意が必要です．オスミウムは密度が 22.59 g/cm³ で，すべての元素のうちでもっとも重い元素です．ちなみに同時に発見されたイリジウム Ir の密度は 22.56 g/cm³ で，第 2 位になっています．

77 **Ir** イリジウム	Ⓔ Iridium	Ⓝ ギリシャ神話の虹の女神イリス（Iris）
	⊛ 192.2	Ⓞ 銀白色金属	Ⓖ イリドスミン
	Ⓐ テナント（イギリス）[1803 年]
	Ⓓ 22.560 g/cm³ (20℃)	2443℃	4437℃

77 番元素イリジウム Ir は 1803 年にイギリスのスミソン・テナント（1761-1815）によりオスミウム Os と同時に発見されました．白金 Pt を含む鉱物を王水に溶かすと，黒い粉末状のものが残ります．当時，それに関心は向けられませんでした．しかし，テナントはこの粉末を研究し，2 種類の未知の元素が含まれていることを発見しました．イリジウムという名前は，その塩類が虹のようにさまざまな色を示すため，古代ギリシャの虹の女神イリスにちなんで名づけられました．

イリジウムは王水にも溶けず，金属のなかでももっとも腐食されにくく安定な元素です．オスミウムや白金との合金が万年筆のペン先や車の点火プラグに使われています．

元素データボックス ● 221

78 Pt 白金

- **E** Platinum
- **語源** スペイン語の「小さな銀，かわいい小粒の銀（plata）」
- **原子量** 195.1
- **色** 銀白色金属
- **産出** 自然白金，砒白金鉱
- **発見** デ・ウロア（スペイン）[1748 年] とワトソン（イギリス）[1751 年]
- **密度** 21.450 g/cm³ (20 ℃)
- **融点** 1769 ℃
- **沸点** 3827 ℃

白金 Pt は古代エジプトのころから，世界の各地で使われていた金属で，とくに南米では高い加工技術で装飾品がつくられていました．白金の融点は鉄よりも高いので，その加工には白金粉末を使用した，粉末冶金法とよばれる方法が使われていたようです．白金が学問的に「発見」されたのは，1741 年チャールズ・ウッド（1702-1774）がジャマイカからもち帰り，1751 年にウィリアム・ワトソン（1715-1787）が論文で発表したときとされています．

　白金は装飾品としての用途のほかに，高温での安定さを利用してさまざまな化学反応に使うルツボや電極などに使われます．また，自動車の排気ガスの浄化用の触媒や石油の精製や各種の化学合成のための触媒としての用途も重要です．燃料電池の「白金触媒電極」は，カーボン担体の電極の表面に微粒子状の白金が担持されたものです．電極には「水素極」と「空気極」があって，「水素極」で白金微粒子が水素ガスを水素イオンと電子に分離し，水素イオンが 2 つの電極のあいだにはさまれた高分子膜を通って「空気極」に移動して空気中の酸素と反応し，水になることで，2 つの電極間に電流が流れます．燃料電池車などで実用化されていますが，白金は高価なので代替材料の開発も進められています．

79 Au 金

- **E** Gold
- **語源** インド・ヨーロッパ語の「輝く（ghel）」
- **原子量** 197.0
- **色** 黄金色金属
- **産出** 自然金
- **発見** 古来より知られている
- **密度** 19.320 g/cm³ (20 ℃)
- **融点** 1064.43 ℃
- **沸点** 2857 ℃

金 Au は古来，人類にとって価値の高い，富と権力を象徴する貴重な金属でした．化学という学問の起源のひとつがいわゆる錬金術で，卑金属を金に変えようという試みでした．気体のボイルの法則で有名なロバート・ボイル（1627-1691）も錬金術師の流れをくむ化学者，物理学者で，錬金術を近代化学へと導きました．金や銀を増やそうとする錬金術の探求のなかで，いろいろな実験器具や硫酸，塩酸，硝酸などの基本的な薬品などが開発・合成され，近代化学の成立に大きく貢献したことは確かです．

　これまでに採掘された金の総量は約 18 万トンといわれています．これはオリンピックの公式プールの約 3.8 杯分で，年間の産出量も約 3000 トンと多くはありません．また，金の埋蔵量は約 6 万トン程度と推定されていて，近い将来には，現在地上にあるものの再利用が必要になりそうです．

　金は電気伝導性が高いこと，腐食しにくいこと，また合金にすると強度が高くなることなどの性質を利用して，携帯電話などの集積回路をふくめた電子部品の作製に広く用いられています．また，廃棄された電子部品から金を回収する作業もおこなわれています．

80 Hg 水銀

- ⓔ Mercury
- ローマ神話の商売の神メルクリウス (Mercurius), 水星 (Mercury)
- 200.6
- 自然水銀
- 自然水銀, 辰砂
- 古来より知られている
- 13.546 g/cm³ (液体, 20℃)
- −38.87 ℃
- 356.58 ℃

水銀 Hg は古代からよく知られた元素です．代表的な鉱物として辰砂（硫化水銀 HgS）があり，日本では古来，丹とよばれ，粉状につぶして，水に溶かした水銀朱が赤色の顔料として使われていました．有名な奈良の黒塚古墳など，石室に置かれた木棺の下に水銀朱が大量に敷き詰められた例が見つかっています．魏志倭人伝のなかにも倭国の特産品として卑弥呼が魏に水銀朱を献上したとの記述があります．中国で古代から使われました．

水銀の元素記号 Hg はラテン語の水のような銀 (hydrargyrum) に起源をもち，日本でも使われている「水銀」と同じ由来です．水銀の融点は −38.87 ℃で，すべての金属のなかでももっとも低く，常温で唯一の液体金属です．ちなみに，融点が比較的低く常温付近の元素にガリウム Ga (29.8 ℃)，セシウム Cs (28.4 ℃) があります．

水銀が液体である性質は体温計や血圧計などの医療用途で広く使われてきました．水銀の液体が熱膨張する性質を利用した体温計は 1866 年，ドイツの C・エールレによって発明されました．また，水銀柱の高さから血圧を測る「水銀血圧計」は 1905 年にロシアの軍医 N・コロトコフにより発明され，長く医療の場で使われてきました．ただし，現在では水銀の環境への有害性から，電子的な測定法に移行しています．

81 Tl タリウム

- ⓔ Thallium
- ギリシャ語の「新緑の若々しい小枝 (thallous)」
- 204.4
- 白色金属
- ロランド鉱
- クルックス（イギリス），ラミー（フランス）[1861 年]
- 11.850 g/cm³ (20℃)
- 303.5 ℃
- 1473 ℃

タリウム Tl は白色の金属光沢をもっており，ナイフで切れるほど柔らかい金属です．空気中に置いておくと酸化されて鉛 Pb のような黒色になりますので，酸化を防ぐために石油中に保存します．炎色反応と原子スペクトルが緑色なので，名前はギリシャ語の緑の小枝（thallos）に由来しています．硫化バナジウムや黄鉄鉱などの硫化鉱物のなかにごくわずか存在する程度で，天然にはほとんどありません．

タリウムを摂取すると脱毛や神経障害を引き起こす，毒性の強い元素です．かつては，ネズミ退治や蟻退治の薬として硫酸タリウムが使われることが多くありましたが，あまりに毒性が強く，現在では使われていません．タリウム中毒を扱った，アガサクリスティーの推理小説『蒼ざめた馬』はよく知られています．

タリウム化合物は，低融点の特殊ガラスや高屈折率のレンズの原料として用いられており，硫黄 S，セレン Se，ヒ素 As との化合物は光電池用に用いられています．臭化タリウムとヨウ化タリウムの混合結晶は，遠赤外分光器用の光学材料としても用いられています．医療分野では，タリウムの放射性同位体のひとつ ^{201}Tl がガンマ線を放射することを利用して，心臓疾患の診断に使われています．

元素データボックス ● 223

82 Pb 鉛	**E** Lead **語** アングロサクソン語の「鉛 (lead)」
	原子量 207.2 **色** 白色金属 **鉱** 方鉛鉱，紅鉛鉱
	発見 古来より知られている
	密度 11.350 g/cm³ (20 ℃) **融点** 327.50 ℃ **沸点** 1750 ℃

鉛 Pb はすべての元素のなかでもっとも重い安定元素です．天然の鉛は 4 種の同位体（^{204}Pb，^{206}Pb，^{207}Pb，^{208}Pb）の混合物で，なかでも ^{208}Pb はもっとも質量数が大きい安定同位体です．鉛は有史以前から知られており，3400 年以上前の古代エジプトの遺跡からも鉛製の装飾品などが見つかっています．鉛丹（Pb₄O₃）や鉛白（PbCO₃）が，それぞれ赤色や白色の顔料として使われていました．江戸時代に歌舞伎役者などが使っていた「おしろい」はこの鉛白です．しかし，鉛は毒性元素としても知られています．

　鉛は比較的さびやすく，すぐに黒くなりますが，これは表面に酸化皮膜がつくためであり，内側は腐食されにくくなります．そのため鉛は化学的に安定で，加工しやすい材料です．ローマ時代やかつての日本でも水道管は鉛製でした．しかし，微量の鉛が水中ににじみでるため，現在ではステンレスや塩化ビニルなどの水道管に置き換わっています．ローマ帝国が滅びたのも，水道管からの鉛中毒が一因ではないかといわれています．自動車などのバッテリーには現在でも鉛蓄電池が多く使われており，放射線の防御や光学機器の鉛ガラスなどにも利用されています．

83 Bi ビスマス	**E** Bismuth **語** アラビア語の「安息香のように溶ける金属 (wissmaja)」
	原子量 209.0 **色** 銀白色金属 **鉱** 自然蒼鉛
	発見 ジェフロア（フランス）[1753 年]
	密度 9.747 g/cm³ (20 ℃) **融点** 271.3 ℃ **沸点** 1560 ℃

ビスマス Bi は，15 世紀ごろにはすでにその存在が知られていた金属ですが，元素として認識されたのは 18 世紀です．それまでは鉛 Pb やスズ Sn，亜鉛 Zn や銀 Ag などと混同されていました．ビスマスが採れる代表的な鉱石として自然蒼鉛や輝蒼鉛鉱 Bi₂S₃ があり，日本ではビスマス自体を蒼鉛ともいいます．中国やメキシコ，ペルーなどで多く産出されていますが，日本国内では鉛の精製過程にでる副産物として生産量を伸ばしており，年間 500 トン近く生産されています．少し前までは，天然に存在するビスマスの安定同位体は ^{209}Bi のみであり，これがもっとも重い安定同位体でした．2003 年に，^{209}Bi はごくわずかにアルファ壊変し，半減期約 2000 京年で放射性壊変をしていることがわかりました．つまり，ビスマスに安定同位体はなく，もっとも重い安定同位体の座は鉛 208（^{208}Pb）に譲られました．ビスマスは，超ウラン元素を調製するために用いられることが多く，ビスマスの原子核に軽い元素の原子核を衝突させ，融合させることで新しい元素の原子核をつくります．113 番元素「ニホニウム」も，ビスマスと亜鉛を融合させるこの手法（冷たい核融合反応）で創られました．ビスマスの人工結晶は虹色に輝く美しい幾何学模様でよく知られています．

84 Po ポロニウム

- **E** Polonium
- 🏳 マリー・キュリーの祖国ポーランド (Poland)
- ⚛ (210)
- 🔍 銀白色固体
- ⛏ ピッチブレンド（ウラン鉱石）
- 👤 キュリー夫妻（ポーランド/フランス）[1898年]
- 📊 9.320 g/cm³ (20℃)
- 🔥 254℃
- 🔥 962℃

　ポロニウム Po は，環境中にはきわめて低濃度でしか存在しませんが，安定同位体はなく，すべての同位体がアルファ線やベータ線を放出する，天然の放射性元素です．メンデレーエフによって「エカテルル」とよばれその存在が予言され，ピエールとマリー・キュリー夫妻によって発見されたポロニウムは，マリー・キュリー（1867-1934）の祖国，ポーランドにちなんで名づけられました．当時ロシアに支配されていたポーランドの解放運動に頭を悩ませていたマリー・キュリーは，新元素にその思いをこめて祖国の名をつけたのです．

　ポロニウムの放射能の強さはウラン U の 100 億倍，毒性はシアン化水素（青酸）の 25 万倍ともいわれ，10 マイクログラム程度でもヒトは死に至るほどの猛毒です．摂取すると，肝臓に蓄積され，骨髄や胃腸，中枢神経も障害を受け，細胞の DNA は破壊されます．2006 年にロシア連邦保安庁（FSB）の元職員，リトビネンコ氏がポロニウムにより殺害されたと報道され，その毒性が新たに認識されました．ポロニウムは存在量がきわめて少ないうえ，サイクロトロンでのみつくられる ^{209}Po と ^{208}Po 以外は半減期も短く，環境上の問題となることはまずありません．

85 At アスタチン

- **E** Astatine
- 🏳 ギリシャ語の「不安定 (astatos)」
- ⚛ (210)
- 👤 コールソン，マッケンジー，セグレ（アメリカ）[1940年]
- 🔥 302℃
- 🔥 337℃

　メンデレーエフが存在を予言していたヨウ素に似た「エカヨウ素」の探索は長いあいだ続いていましたが，結局はサイクロトロンで人工合成されました．1940 年，アメリカのデール・R・コールソン（1914-2012），ケネス・ロス・マッケンジー（1912-2002）そしてイタリア出身のアメリカの物理学者エミリオ・ジノ・セグレ（1905-1989）は，アルファ粒子をビスマス Bi のターゲットに照射して，半減期 7.5 時間，質量数 211 のエカヨウ素の同位体を得ることに成功しました．1947 年には同じグループが今度は半減期 8.3 時間，質量数 210 のエカヨウ素を発見して，原子番号 85 番の新元素が誕生しました．ギリシャ語の「不安定 (astatos)」をあらわす言葉にちなんでアスタチン At と名づけられました．一方，ウィーンのラジウム研究所のカリックとベルネートは，天然から 85 番元素を発見しました．天然放射性元素系列のウラン系列のなかに，ポロニウムの壊変に伴ってできるごく少量の 85 番元素（アスタチン 215, 217, 218, および 219）を見つけました．アスタチンの発見の歴史には，人工合成の年（1940 年）と自然界からの発見の年（1943 年）の 2 つがあります．アスタチンは，ハロゲン元素のなかでは 117 番元素テネシン Ts とともに安定同位体がなく，約 30 種類も放射性同位体をもつ元素です．

元素データボックス ● 225

| 86 Rn ラドン | **E** Radon　**图** ラジウムの壊変によりつくられる元素
原 (222)　**色** 無色無臭気体
発 ドルン（ドイツ）[1900 年]
密 0.00973 g/L (0℃, 気体)　**融** −71℃　**沸** −61.8℃ |

　キュリー夫妻は，ラジウム化合物は接触する空気を放射性にさせることに気づいていました．一方，アーネスト・ラザフォード（1871-1937）とロバート・ボーウィー・オーエンズ（1870-1940）はトリウム化合物の放射性を調べていたある日，窓を開けて空気を入れると，放射線の強度が下がることを観察しました．トリウムから気体の放射性物質がたえずでていると考え，1899 年にラテン語の「流れる」にちなみ，トリウムのエマナチオン（放射性貴ガス元素），すなわち「トロン」と名づけました．翌年，ドイツの物理学者ドルンはラジウムからもエマナチオンを，3 年後にはアンドレ＝ルイ・ドビエルヌ（1874-1949）もアクチニウムのエマナチオンを観測し，それぞれラドンとアクチノンと名づけました．当時の半減期は，トロン 51.5 秒，ラドン 3.8 日そしてアクチノン 3.02 秒でした．

　1910 年にウィリアム・ラムゼーとロバート・ウィットロウ・グレイ（1877-1958）は，これらの密度測定をして，半減期のもっとも長いラドンはもっとも重い不活性気体元素であり，最後の貴ガスだと明らかにしました．この 3 つのエマナチオンは互いに原子量が異なるラドンの同位体だと確認されました．自然界から見いだされるラドンは，すべて放射性です．

| 87 Fr フランシウム | **E** Francium　**图** 発見者ペレーの祖国フランス（France）
原 (223)　**色** ──　**産** ピッチブレンド
発 ペレー（フランス）[1939 年]
密 1.87 g/cm³　**融** 27℃　**沸** 677℃ |

　自然界から発見された最後の元素フランシウム Fr は，30 歳の若い女性によって発見されました．パリに生まれたマルグリット・ペレー（1909-1975）は，経済的事情により医学への道を断念し，19 歳のとき，家近くのマリー・キュリーラジウム研究所を訪れました．すでに 2 つのノーベル賞を受賞していたキュリーの面接を受けて助手として採用されました．放射性元素の精製と単離の訓練を受けながら，1899 年にアンドレ＝ルイ・ドビエルヌ（1874-1949）が発見したアクチニウム Ac について，彼とともに研究をしました．1914 年にアメリカで発表された論文に触発されて，超純粋なアクチニウム 227 を得て研究しました．アクチニウム 227 は，ベータ線をだすとともにアルファ線をわずかにだすことを確認して，1939 年に半減期 21 分の新元素を発見しました．新元素の化学的性質から，第 1 族のアルカリ金属に分類し，周期表で空白であった 87 番の位置に置きました．キュリーが祖国にちなんで新発見の元素をポロニウムと名づけたように，ペレーも自らの国に敬意を表してフランシウム Fr と名づけました．10 年後に，フランシウムは人工合成されました．

226 ●元素検定

88 Ra ラジウム

- **B** Radium
- ラテン語の「光を放つもの (*radius*)」
- (226)
- 銀白色金属
- ピッチブレンド（ウラン鉱石）
- キュリー夫妻とベモン（フランス）[1898 年]
- 5.000 g/cm³
- 700 ℃
- 1140 ℃

1898 年 7 月 18 日に，ウラン鉱滓から最初の天然放射性元素ポロニウム Po を発見したキュリー夫妻（ピエール・キュリー：1859-1906，マリー・キュリー：1867-1934）は，高い放射能をもつ画分の存在に気づきました．助手のグスタフ・ベーモン（1857-1937）の助力を得て，塩化バリウム画分の分別を行いました．夫妻は 45 日間休むことなく，ウラン U を抽出した残渣の処理を約 1 万回も繰り返し，貴重な塩化ラジウム約 0.1 グラムをやっとのことで得ました．「暗やみのなかで輝き，ラジウムはリンのように光を発した．輝く試験管はおとぎ話の光のように思えた．」とマリーは回顧しています．新元素は，ラテン語の「光を放つもの (*radius*)」にちなんでラジウム Ra と名づけられました．1898 年 12 月 26 日がラジウム誕生の日です．

　マリー・キュリーと共同研究者ドビエルヌは，0.106 グラムの塩化ラジウムを電気分解しました．ラジウムアマルガムをつくり，水素気流下で加熱して水銀 Hg を除き，銀白色の金属ラジウムをつくりました．金属の形で得られた最初の放射性元素となりました．ラジウムの発見は，科学と世界を一変させ，原子エネルギーの概念を築いていく道を拓きました．

89 Ac アクチニウム

- **B** Actinium
- ギリシャ語の「光線 (*aktis, aktinos*)」
- (227)
- 銀白色金属
- ピッチブレンド
- ドビエルヌ（フランス）[1899 年]
- 10.060 g/cm³（20 ℃）
- 1047 ℃
- 3197 ℃

1899 年，ピエール・キュリーとマリー・キュリー夫妻の同僚であったドビエルヌは，夫妻がポロニウム Po とラジウム Ra を分離したピッチブレンド（ウラン鉱石）の残渣から，新元素を発見しました．この新元素は，ギリシャ語の光線を意味する *aktinos* にちなんで，アクチニウム Ac と命名されました．アクチニウムの化学的性質は，周期表で対応するランタノイドのランタン La と似ていて，銀白色の軟らかい金属です．放射能が非常に強く，周囲の空気を電離し，暗所で青白く発光します．

　アクチニウムの同位体はすべて放射性で，36 種が知られています．しかし，自然界に存在する同位体は，質量数 227 のアクチニウム 227（^{227}Ac）と質量数 228 のアクチニウム 228（^{228}Ac）のみで，残りは人工的につくりだされました．自然界でのアクチニウムの存在量は痕跡量で，ピッチブレンド 1 トン中にわずか 0.2 ミリグラム程度です．^{227}Ac は，天然放射性壊変系列の一つ，アクチニウム系列の一員で，アルファ壊変とベータ壊変を繰り返し，最終的に安定原子核の鉛 207（^{207}Pb）となります．アクチニウム 225（^{225}Ac）はビスマス 213（^{213}Bi）のジェネレーターとして，アルファ粒子によるがん治療に利用されています．

90 Th トリウム

- **E** Thorium
- 語源: スカンジナビア神話の軍神・雷神トール (Thor)
- 原子量: 232.0
- 色: 銀白色金属
- 鉱石: トール石
- 発見者: ベルセーリウス (スウェーデン) [1828年]
- 密度: 11.720 g/cm³ (20℃)
- 融点: 1750℃
- 沸点: 4787℃

1828年，黒い鉱物トール石から，スウェーデンのベルセーリウスがトリウム Th を発見しました．約 30 種知られたトリウムの同位体はすべて放射性です．天然に産出するトリウム 232 (^{232}Th) の半減期は 140.5 億年で，地球の年齢の 45 億年よりも長いため，放射性壊変を利用して銀河系の年齢測定に使われています．二酸化トリウム ThO_2 は熱に強く，るつぼやアーク溶接の電極，タングステンフィラメントの添加剤などに用いられてきました．トリウムは自然界に豊富に存在し，ウラン U の約 5 倍もあると推測されています．^{232}Th が中性子を吸収すると ^{233}Th となり，これが 2 回ベータマイナス壊変して ^{233}U になります．^{233}U は核分裂しやすく，原子力発電の核燃料としての利用が期待されています．

91 Pa プロトアクチニウム

- **E** Protactinium
- 語源: アクチニウムに先立つ元素 (ギリシャ語の「*protos* (先立つ)」+ *actinium*)
- 原子量: 231.0
- 色: 銀白色金属
- 鉱石: カルノー石
- 発見者: マイトナーとハーン (ドイツ)，ソディーとクランストン (イギリス) [1918年]
- 密度: 15.370 g/cm³
- 融点: 1840℃
- 沸点: 約 4030℃

1918年，ドイツのオットー・ハーン (1879-1968) とオーストリアのリーゼ・マイトナー (1878-1968) はピッチブレンド (ウラン鉱石) のなかにアクチニウムを生みだす新しい放射性元素プロトアクチニウム Pa があることを確認しました．イギリスのフレデリック・ソディー (1877-1956) とジョン・アーノルト・クランストン (1891-1972) もほぼ同時期に同じ元素を発見していました．ギリシャ語の *protos* は「前の，第一の」の意味ですが，この「前」とは周期表の順番ではなく，放射性元素が壊変する順番です．プロトアクチニウム 231 (^{231}Pa) は，アルファ壊変すると原子番号が 2 つ減り，89 番のアクチニウム 227 (^{227}Ac) となります．プロトアクチニウムは，アクチニウム Ac の「前」なのです．

92 U ウラン

- **E** Uranium
- 語源: 天王星 (Uranus)
- 原子量: 238.0
- 色: 銀白色金属
- 鉱石: 閃ウラン鉱，リン灰ウラン鉱
- 発見者: クラップロート (ドイツ) [1789年]
- 密度: 18.950 g/cm³ (20℃)
- 融点: 1132.3℃
- 沸点: 4172℃

ウラン U は，1789 年にドイツのクラップロートによって発見されました．1781 年に発見された新惑星の天王星の英名 Uranus の名から命名されました．Uranus はギリシャ神話の天空の神です．ウラン 235 (^{235}U) の原子核が低エネルギーの中性子 (熱中性子) を吸収すると，原子核が 2 つに分裂します．同時に数個の中性子が発生し，それが新たにほかの ^{235}U 原子核の核分裂を引き起こしていきます．核分裂が起こると，原子 1 個あたり 200 メガ電子ボルトという莫大なエネルギーを生じます．核分裂で生じる中性子の数を厳密に制御し，持続的に核分裂の連鎖反応を起こさせるのが原子炉です．他方，中性子を制御しないで，一瞬のうちに核分裂を引き起こさせるのが原子爆弾です．

228 ●元素検定

93 Np ネプツニウム

- **E** Neptunium
- **語源** 海王星（Neptune）
- **(237)**
- **性状** 銀白色金属
- **硬度** ——
- **発見** マクミランとアベルソン（アメリカ）[1940 年]
- **密度** 20.250 g/cm³ (20℃)
- **融点** 640℃
- **沸点** 3902℃

1940 年，エドウィン・マクミラン（1907-1991）とフィリップ・アベルソン（1913-2004）は，サイクロトロンで発生させた遅い中性子ビームをウラン 238（^{238}U）に照射して ^{239}U をつくりました．^{239}U は半減期 2.355 日でベータマイナス壊変し，原子番号 93 の新元素ネプツニウム Np になりました．この論文の 5 ページ前には，理化学研究所の仁科芳雄（1890-1951）と木村健二郎（1896-1988）の論文が掲載されていました．彼らは，サイクロトロンから発生させた速い中性子ビームを ^{238}U に照射し，^{237}U をつくっていました．^{237}U もベータマイナス壊変するので，ネプツニウム 237（^{237}Np）ができていたはずですが，化学的性質が不明で，^{237}Np の半減期も長すぎたため（2.1×10^6 年），発見に至りませんでした．

94 Pu プルトニウム

- **E** Plutonium
- **語源** 冥王星（Pluto）
- **(239)**
- **性状** 銀白色金属
- **硬度** ——
- **発見** シーボーグら（アメリカ）[1940 年]
- **密度** 19.840 g/cm³ (25℃)
- **融点** 639.5℃
- **沸点** 3231℃

1940 年，グレン・シーボーグ（1912-1999）らは，ウラン 238（^{238}U）に重陽子（^2H）を照射して，まず 93 番元素ネプツニウム 238（^{238}Np）をつくり，それが半減期 2.117 日でベータマイナス壊変してさらに原子番号の大きな 94 番元素をつくりました．プルトニウムの元素名は，海王星にちなんだネプツニウムの隣の元素のため，海王星（Neptune）の隣の冥王星（Pluto）にちなんで名づけられました．プルトニウム 239（^{239}Pu）はウラン 235（^{235}U）と同様，遅い中性子（熱中性子）を吸収して核分裂を引き起こします．このため，原子力発電の核燃料に利用できます．一方，別の同位体 ^{238}Pu は，軽量小型で寿命が長い原子力電池のエネルギーとして，人工衛星の電源やペースメーカーなどに搭載されています．

95 Am アメリシウム

- **E** Americium
- **語源** アメリカ大陸（America）
- **(243)**
- **性状** 銀白色金属
- **硬度** ——
- **発見** シーボーグら（アメリカ）[1945 年]
- **密度** 13.670 g/cm³ (20℃)
- **融点** 1172℃
- **沸点** 2607℃

1944 年，シーボーグらは原子炉を利用し，プルトニウム 239（^{239}Pu）に中性子を吸収させ，まず ^{240}Pu をつくりました．^{240}Pu の半減期は 6563 年もあり，さらに中性子が吸収されて ^{241}Pu となります．この ^{241}Pu がベータマイナス壊変して原子番号がひとつ大きくなり，原子番号 95 の新元素が生成しました．周期表の真上のユウロピウムがヨーロッパ大陸にちなんだことにならい，アメリシウム Am と命名されました．この発見は第二次世界大戦中の 1944 年だったため機密にされ，戦争終結をもって公表されました．アメリシウム 241（^{241}Am）は原子力発電で ^{241}Pu の壊変生成物として大量につくられます．^{241}Am から絶えず放出されているアルファ粒子を利用し，かつては煙感知器に利用されていました．

96 Cm キュリウム

- **E** Curium
- ピエールとマリーのキュリー夫妻 (Curie)
- (247)
- 銀白色金属
- シーボーグら（アメリカ）[1944 年]
- 13.300 g/cm³ (20 ℃)
- 1337 ℃
- 3110 ℃

1944 年，グレン・シーボーグらはサイクロトロンを使ってプルトニウム 239 (^{239}Pu) にヘリウムイオン (^{4}He^{2+}) を照射し，質量数 242 の 96 番元素の同位体を発見しました．キュリウム Cm の発見は，95 番元素のアメリシウム Am よりも先でした．1945 年，シーボーグは学会で発見を報告する前に，当時人気があったラジオの子ども向け番組に出演し，新元素キュリウムとアメリシウムの誕生を報告しました．放射能の単位にもキュリーの名がついています．キュリー夫妻が発見したラジウム 226 (^{226}Ra) 1 グラムあたりの放射能が 1 Ci（キュリー）です．最近では，SI 単位の Bq ベクレルが用いられています．1 Bq は 1 秒間に 1 個の原子核が壊変する放射能です．

97 Bk バークリウム

- **E** Berkelium
- 発見された大学のあるバークレー市 (Berkeley)
- (247)
- ―
- トンプソンら（アメリカ）[1949 年]
- 14.790 g/cm³ (20 ℃)
- 1047 ℃

1949 年，スタンレー・トンプソン（1912-1976）らは，原子番号 95 番のアメリシウム 241 (^{241}Am) にサイクロトロンで加速したアルファ粒子 (^{4}He) を衝突させ，質量数 243 の 97 番元素の同位体を合成しました．元素名バークリウム Bk は，発見されたカリフォルニア大学バークレー校の学校名と同校があるバークレー市にちなんでいます．バークリウム 249 (^{249}Bk) は，さらに原子番号の大きな超重元素をつくるための標的物質として利用されています．^{249}Bk にそれぞれ酸素 18 (^{18}O)，ネオン 22 (^{22}Ne)，カルシウム 48 (^{48}Ca) を核融合させ，105 番元素ドブニウム (^{262,263}Db)，107 番元素ボーリウム (^{266,267}Bh)，117 番元素テネシン (^{293,294}Ts) の同位体を製造できます．

98 Cf カリホルニウム

- **E** Californium
- 発見されたカリフォルニア大学 (University of California)
- (252)
- ―
- トンプソンら（アメリカ）[1950 年]
- 15.100 g/cm³ (20 ℃)
- 897 ℃

1950 年，スタンレー・トンプソン（1912-1976）らの研究グループは，キュリウム 242 (^{242}Cm) にサイクロトロンで加速したアルファ粒子を衝突させ，質量数 245 の 98 番元素の同位体を合成しました．このとき用意された人工元素の ^{242}Cm はわずか 8 マイクログラムでした．生成した ^{245}Cf の半減期は 1 時間にも満たないものでしたが，すばやく化学分析と放射線計測をおこない，約 5000 個の原子が検出されました．^{252}Cf は半減期 2.645 年で自発的に核分裂を引き起こします．中性子源として，これまで原子炉のスターター，湿度計や石油掘削時のボーリングコアの分析，がん治療などに利用されてきました．

230 ●元素検定

99 Es アインスタイニウム	Einsteinium	理論物理学者アインシュタイン（Einstein）

（252）
ギオルソら（アメリカ）[1952年]
860℃±30

1952年，太平洋上のエニウェトク環礁でおこなわれた人類初の水爆実験ののち，放射性降下物のなかから，100番元素フェルミウム Fm とともに発見されました．爆弾の起爆剤に使用されていたウラン238（^{238}U）の原子核が高密度の中性子照射を受け，15個もの中性子を捕獲し，^{253}U が生成しました．これがベータマイナス壊変を繰り返し，原子番号が99まで増加して，新元素アインスタイニウム253（^{253}Es）となりました．当時水爆実験は軍事機密であり，^{253}Es は1954年にプルトニウム239（^{239}Pu）の中性子照射でつくった同位体のひとつとして発表されていました．元素名は，ドイツ生まれの理論物理学者アルベルト・アインシュタイン（1879-1955）の名前にちなんでいます．

100 Fm フェルミウム　Fermium　原子炉の発明者のフェルミ（Fermi）

（257）
ギオルソら（アメリカ）[1952年]

フェルミウム Fm は，1952年に世界初の水爆実験の際，もうひとつの新元素アインスタイニウム Es とともに発見されました．水素爆弾は水素 H の同位体，重水素（^{2}H）の核融合時に生じるエネルギーを利用したものです．起爆剤の原子爆弾にふくまれていたウラン238（^{238}U）が中性子17個を連続吸収して ^{255}U となり，これがベータマイナス壊変を繰り返して原子番号100となりました．この発見はアインスタイニウムとともに軍事機密とされ，1955年になってようやく公表されました．元素名になったエンリコ・フェルミ（1901-1954）はイタリア出身の物理学者で，1938年，ノーベル物理学賞を受賞しています．1942年には世界初の原子炉を完成させ，原子核分裂の連鎖反応の制御に成功しました．

101 Md メンデレビウム　Mendelevium　周期表をつくったメンデレーエフ（Mendelejev）

（258）
ギオルソら（アメリカ）[1955年]

1955年，アルバート・ギオルソ（1915-2010）らの研究グループは，アインスタイニウム253（^{253}Es）の標的に，カリフォルニア大学バークレー校のサイクロトロンを用いて加速したアルファ粒子を照射し，原子番号101の新元素メンデレビウム（^{256}Md）を生成しました．このとき準備された ^{253}Es は，10億分の1ミリグラム以下でした．生成した ^{256}Md の半減期は約1時間で，ギオルソらは照射後ただちに陽イオン交換クロマトグラフ分離と放射線計測をおこないました．1回3時間の照射実験を8回行い，合計17個の ^{256}Md 原子を確認しました．メンデレビウムはアクチノイドで，3+の酸化数をとります．強い還元剤によって，2+や1+の酸化状態をとることも知られています．

元素データボックス ● 231

E Nobelium スウェーデンの科学者ノーベル (Nobel)
(259)
シーボーグら (アメリカ) [1958年]

1957年，スウェーデンのノーベル物理学研究所のグループは，キュリウム244 (^{244}Cm) に炭素13 (^{13}C) を照射し，原子番号102の新元素ノーベリウム No を発見したと報告しました．ところが，カリフォルニア大学のギオルソや旧ソ連クルチャトフ研究所のゲオルギー・フリョロフ (1913-1990) らの追試実験では確認されませんでした．1958年，ギオルソらはキュリウム246 (^{246}Cm) と炭素12 (^{12}C) の反応で生成した ^{254}No を発表し（のちに ^{252}No と訂正），フリョロフらもウラン238 (^{238}U) とネオン22 (^{22}Ne) などの反応を用いてノーベリウムの同位体の発見を報告しました．ノーベル物理学研究所の発見は，あとで誤りだとわかりましたが，ノーベルの名を冠した元素名はそのまま認められています．

E Lawrencium サイクロトロンを発明したローレンス (Lawrence)
(262)
ギオルソら (アメリカ) [1961年]

ローレンシウム Lr は，1961年アメリカのギオルソらによって，カリホルニウム Cf の4つの同位体 (^{249,250,251,252}Cf) の混合物にホウ素 B の原子核 (^{11,12}B) を衝突させて生成されました．この核種は ^{257}Lr と同定されましたが，あとで ^{258}Lr に訂正されました．ローレンシウムはアクチノイド最後の元素で，3+ の酸化状態をとることがわかっています．元素名になったアーネスト・オーランド・ローレンス (1901-1958) は，荷電粒子を加速させるサイクロトロンの発明や人工放射性元素の発見で，1939年にノーベル物理学賞を受賞しました．ローレンスは第二次世界大戦のときにマンハッタン計画に参加し，原子爆弾の原料となるウラン235 (^{235}U) の電磁質量分離にも成功しました．

E Rutherfordium 原子核を発見したラザフォード (Rutherford)
(267)
フリョロフら (旧ソ連) [1964年]，ギオルソら (アメリカ) [1969年]

1964年，旧ソ連のゲオルギー・フリョロフらは，プルトニウム242 (^{242}Pu) にネオン22 (^{22}Ne) を衝突させて，質量数260の104番元素を生成させました．元素名としてクルチャトビウム，元素記号 Ku を提案しました．一方1969年，アメリカのアルバート・ギオルソらは，カリホルニウム249 (^{249}Cf) に炭素12 (^{12}C) を衝突させ，質量数257の104番元素をつくりだし，ラザホージウム，元素記号 Rf と命名しました．本来は先に発見した旧ソ連側に命名権がありますが，追試が不十分で，1997年までの33年間も統一の元素名は決まりませんでした．元素名となったアーネスト・ラザフォードは，放射性元素の壊変や放射性物質の化学の研究で，1908年にノーベル化学賞を受賞しています．

105 Db ドブニウム

- **E**: Dubnium
- ロシアのフレロフ研究所の所在地ドゥブナ (Dubna)
- (268)
- フリョロフら（旧ソ連）[1967年]，ギオルソら（アメリカ）[1970年]

1967年，旧ソ連の合同原子核研究所のフリョロフらは，アメリシウム243（^{243}Am）にネオン22（^{22}Ne）を衝突させて，質量数261の105番元素を生成させました．このとき元素名として，原子構造を解明したニールス・ボーアにちなんだニールスボーリウム Ns が提案されました．一方1970年，アメリカのアルバート・ギオルソらは，カリホルニウム249（^{249}Cf）に窒素15（^{15}N）を衝突させて，質量数260の105番元素をつくりだしました．核分裂を発見したオットー・ハーンにちなんでハーニウム Ha が提案されました．両元素名が約30年間使われましたが，1997年に国際純正・応用化学連合は，ドゥブナ合同原子核研究所のある町ドゥブナにちなんでドブニウム Db の元素名を決定しました．

106 Sg シーボーギウム

- **E**: Seaborgium
- 多数のアクチノイドを発見したシーボーグ (Seaborg)
- (271)
- ギオルソら（アメリカ）[1974年]

シーボーギウムは，1974年に旧ソ連とアメリカで別べつに発見されました．旧ソ連のゲオルギー・フリョロフらは，鉛207と208（^{207,208}Pb）にサイクロトロンで加速したクロム54（^{54}Cr）を衝突させ，質量数259の106番元素を合成しました．一方，アメリカのアルバート・ギオルソらの研究グループは，1974年にカリホルニウム249（^{249}Cf）に酸素18（^{18}O）を衝突させ，質量数263の106番元素を合成しました．アメリカ側は，1994年に大型サイクロトロンで追試にも成功しています．元素名となったグレン・シーボーグは，94番元素プルトニウム Pu から102番元素ノーベリウム No までの9元素の超ウラン元素を人工的につくりだし，これらの業績により，1951年にノーベル化学賞を受賞しています．

107 Bh ボーリウム

- **E**: Bohrium
- デンマークの理論物理学者ボーア (Bohr)
- (272)
- ミュンツェンベルクら（ドイツ）[1981年]

1981年，ドイツ重イオン科学研究所のゴットフリード・ミュンツェンベルク (1940-) らは，クロム54（^{54}Cr）を重イオン線形加速器で加速し，ビスマス209（^{209}Bi）の標的に衝突させ，質量数262の107番元素の同位体を合成しました．ボーリウム Bh の元素名となったニールス・ボーアは，量子力学の誕生に指導的役割を果たし，1922年にノーベル物理学賞を受賞しています．2000年，スイスのポールシェラー研究所で，世界初のボーリウムの化学実験が行われました．バークリウム249（^{249}Bk）にネオン22（^{22}Ne）を照射して，半減期17秒の ^{267}Bh が合成されました．オキシ塩化物（^{267}BhO$_3$Cl）が化学合成され，第7族元素のテクネチウム Tc やレニウム Re によく似た性質をもつことが明らかとなりました．

元素データボックス ● 233

108 Hs ハッシウム

B Hassium　**語源** 重イオン研究所のあるヘッセン州のラテン語名（*Hassia*）
原子量 (277)
発見者 ミュンツェンベルクら（ドイツ）［1984 年］

1984 年，ドイツ重イオン科学研究所のミュンツェンベルクらは，重イオン線形加速器で加速した鉄 58（^{58}Fe）を鉛 208（^{208}Pb）の標的に衝突させ，質量数 265 の 108 番元素ハッシウム Hs の同位体を合成しました．同じころ，旧ソ連のドゥブナ合同原子核研究所でも，^{208}Pb ＋ ^{58}Fe，^{207}Pb ＋ ^{58}Fe，さらにビスマス 209（^{209}Bi）＋マンガン 55（^{55}Mn）の核反応によって，108 番元素の同位体（^{263,264,265}Hs）の合成を報告していました．国際純正・応用化学連合と国際純粋・応用物理学連合の合同作業部会は，発見の優先権と命名権はドイツ側にあるとします．2002 年，ドイツ重イオン科学研究所で世界初のハッシウムの化学実験がおこなわれ，周期表ですぐ上のオスミウム Os と類似した挙動を示すことが確認されました．

109 Mt マイトネリウム

B Meitnerium　**語源** オーストリアの物理学者マイトナー（Meitner）
原子量 (276)
発見者 ミュンツェンベルクら（ドイツ）［1982 年］

1982 年，ドイツ重イオン科学研究所のゴットフリード・ミュンツェンベルクらは，重イオン線形加速器で加速した鉄 58（^{58}Fe）をビスマス 209（^{209}Bi）の標的に衝突させ，質量数 266 の 109 番元素の同位体を 1 原子合成しました．わずか 1 原子で名前が決まった元素はマイトネリウム Mt だけです．合成された ^{266}Mt は，5 ミリ秒の寿命でアルファ壊変してボーリウム 262（^{262}Bh）となり，再びアルファ壊変してドブニウム 258（^{258}Db）になりました．その後，電子捕獲壊変して，ラザホージウム 258（^{258}Rf）となり，^{258}Rf は自発核分裂壊変しました．新元素核種からはじまる壊変鎖が既知核種の壊変特性に一致すれば，壊変鎖をさかのぼって新元素核種を決定できるのです．

110 Ds ダームスタチウム

B Darmstadtium　**語源** ドイツのダルムシュタット市（Darmstadt）
原子量 (281)
発見者 ホフマンら（ドイツ）［1994 年］

1994 年，ドイツ重イオン科学研究所のジクルト・ホフマン（1944-）らはニッケル 62（^{62}Ni）を鉛 208（^{208}Pb）の標的に衝突させ，質量数 269 の 110 番元素の同位体を 3 原子合成しました．これとは別に，アメリカのローレンス・バークレー放射線研究所のアルバート・ギオルソらが 1994 年に，ドゥブナ合同原子核研究所のユーリ・ラザレフ（1946-1996）らが 1996 年に 110 番元素の発見を報告しました．しかし，ホフマンらの報告がもっとも早く，データの信頼性も高かったため，新元素発見の優先権はドイツグループに与えられ，2003 年，元素名がダームスタチウム Ds に決定しました．化学的性質はまだ調べられていませんが，同族の白金に似た性質をもち，多彩な化合物をつくると予測されています．

111 Rg レントゲニウム

- Roentgenium
- ドイツのX線の発見者レントゲン（Röentgen）
- (280)
- ホフマンら（ドイツ）[1994年]

1994年，ドイツ重イオン科学研究所のジクルト・ホフマンらは，ニッケルイオン（^{64}Ni）を重イオン線形加速器で加速し，ビスマス209（^{209}Bi）の標的に衝突させ，質量数272の111番元素の同位体を3原子合成しました．ホフマンらは2000年にも同じ同位体を3原子合成しました．2004年，日本の理化学研究所の森田浩介らは，さらに14原子の合成に成功し，ドイツグループの発見は確固たるものとなりました．2004年，国際純正・応用化学連合は元素名レントゲニウム Rg を正式に決めました．周期表の位置は，銅，銀，金が縦に並ぶ第11族に属します．しかし，化学研究に利用できる適当な同位体が見つかっておらず，レントゲニウムの化学的性質は明らかになっていません．

112 Cn コペルニシウム

- Copernicium
- ポーランドの天文学者コペルニクス（Copernicus）
- (285)
- ホフマンら（ドイツ）[1996年]

1996年，ドイツ重イオン科学研究所のジクルト・ホフマンらは，亜鉛70（^{70}Zn）を重イオン線形加速器で加速し，鉛208（^{208}Pb）の標的に衝突させ，質量数277の112番元素の同位体を1原子合成しました．ホフマンらは，同じ同位体を2002年にも1原子合成しました．2007年，理化学研究所の森田浩介（1957-）らのグループも2原子を合成し，ドイツグループの発見を確認しました．ホフマンらは，112番元素の名称として，地動説を提唱したポーランド出身のニコラウス・コペルニクス（1473-1543）にちなみ，コペルニシウムという名称を提案しました．2010年，コペルニクスの誕生日の2月19日に，国際純正・応用化学連合から正式名称が発表されました．

113 Nh ニホニウム

- Nihonium
- 発見された国名の日本（Nihon）
- (278)
- 森田浩介ら（日本）[2004年]

2004年7月23日，理化学研究所の森田浩介らの研究グループは，ビスマス209（^{209}Bi）に重イオン線形加速器で加速した亜鉛70（^{70}Zn）を衝突させ，質量数278の113番元素の同位体を1原子合成しました．2005年に2原子目，2012年には3原子目の観測にも成功しました．一方，ドゥブナ合同原子核研究所のユーリ・オガネシアン（1933-）らは，アメリシウム243（^{243}Am）とカルシウム48（^{48}Ca）との反応で115番元素の同位体を合成し，そのアルファ壊変生成物として113番元素の発見を主張していました．2015年12月30日，国際純正・応用化学連合は，発見の優先権が森田グループにあると発表，森田グループは日本の国名にちなんだ元素名ニホニウムを提案し，2016年11月28日に承認されました．

元素データボックス ● 235

- **E** Flerovium 🔖 ロシアの原子核物理学者フリョロフ（Flerov）
- (289)
- オガネシアンら（ロシアとアメリカ）[1999 年]

1998 年，ロシアのドゥブナ合同原子核研究所とアメリカのローレンス・リバモア国立研究所の共同研究チームは，プルトニウム 244（^{244}Pu）標的にカルシウム 48（^{48}Ca）を照射し，質量数 289 の 114 番元素の同位体を 1 原子合成したと発表しました．その後，同研究チームは別の同位体 ^{242}Pu に ^{48}Ca を衝突させ，質量数 287 の 114 番元素も合成しました．2012 年，国際純正・応用化学連合は，114 番元素の名前をロシアの核物理学者ゲオルギー・フリョロフにちなんでフレロビウム Fl と決定します．フレロビウムは周期表で鉛 Pb の下に位置するため，鉛に似た性質が予想されています．一方，強い相対論効果の影響で閉殻電子構造となり，揮発性で貴ガス元素に似た性質を示すという予測もあります．

- **E** Moscovium 🔖 発見者らの研究所があるロシアのモスクワ州（Moscow）
- (289)
- オガネシアンら（ロシアとアメリカ）[2004 年]

2004 年，ロシアのドゥブナ合同原子核研究所とアメリカのローレンス・リバモア国立研究所の共同研究チームは，95 番元素アメリシウム 243（^{243}Am）にカルシウム 48（^{48}Ca）を照射し，115 番元素の質量数 288 の同位体を 3 原子，質量数 287 の同位体を 1 原子合成したことを発表しました．2012 年と 2013 年には，質量数 289 の別の同位体を，それぞれ 1，4 原子合成します．このうち質量数 289 の同位体は，バークリウム 249（^{249}Bk）と ^{48}Ca の反応で合成された質量数 293 の 117 番元素のアルファ壊変生成物として確認されました．2015 年，国際純正・応用化学連合は，ロシアとアメリカの共同研究チームによる 115 番元素の発見を承認し，2016 年，元素名はモスコビウム Mc と決定しました．

- **E** Livermorium 🔖 発見者らの研究所があるアメリカのリバモア市（Livermore）
- (293)
- オガネシアンら（ロシアとアメリカ）[2000 年]

2000 年，ドゥブナ合同原子核研究所とアメリカのローレンス・リバモア国立研究所の共同研究チームは，原子番号 96 のキュリウム 248（^{248}Cm）標的にカルシウム 48（^{48}Ca）を照射し，質量数 292 の 116 番元素の同位体を 1 原子合成したことを発表しました．2004 年には，標的を ^{245}Cm に変え，^{48}Ca を衝突させて質量数 291 の別の同位体を合成しました．2012 年，国際純正・応用化学連合は，116 番元素の名称として，ローレンス・リバモア国立研究所のあるカリフォルニア州の都市リバモアにちなみ，リバモリウム Lv と決定しました．リバモリウムは周期表で第 16 族，ポロニウムの直下に置かれ，カルコゲンと考えられています．化学実験に利用できるほど長寿命の同位体はまだ発見されていません．

236 ●元素検定

117 Ts テネシン	Ⓔ Tennessine　発見者らの研究所があるアメリカのテネシー州（Tennessee）
	(293)
	オガネシアンら（ロシアとアメリカ）[2010年]

2010年，ドゥブナ合同原子核研究所，アメリカのローレンス・リバモア国立研究所とオークリッジ国立研究所の共同研究チームは，97番元素バークリウム249（^{249}Bk）にカルシウム48（^{48}Ca）を照射し，質量数294の117番元素の同位体を1原子，質量数293の同位体を5原子合成したことを発表しました．元素名は，発見者が所属する研究所や大学があるテネシー州にちなみ，テネシンTsと名づけられました．テネシンは周期表で第17族，すなわちハロゲン族に置かれています．オークリッジ国立研究所には，^{249}Bkのような超ウラン元素を生みだすことのできる高中性子密度の原子炉があり，キュリウム244（^{244}Cm）を原料につぎつぎと中性子を捕獲させ，原子番号と質量数の大きな同位体を合成できます．

118 Og オガネソン	Ⓔ Oganesson　超重元素を5つも発見したロシアのオガネシアン（Oganessian）
	(294)
	オガネシアンら（ロシアとアメリカ）[2006年]

2006年，ドゥブナ合同原子核研究所とアメリカのローレンス・リバモア国立研究所の共同研究チームは，カリホルニウム249（^{249}Cf）標的にサイクロトロンで加速したカルシウム48（^{48}Ca）を照射し，質量数294の118番元素の同位体を3原子合成したことを発表しました．2016年，国際純正・応用化学連合は，この新元素の名前を発見チームを率いたロシアのユーリ・オガネシアンの名前にちなみ，オガネソンOgと決定しました．オガネソンは周期表で第18族，すなわち貴ガス族にあります．理論的予測から，ほかの貴ガス元素と同様に閉殻電子構造をとると推察されています．しかし，化学反応性は高いと考えられ，キセノンやラドンのように安定な化合物を形成できると予測されています．

原子量は，日本化学会原子量委員会の原子量表（2018）による．
密度，融点，沸点は，桜井 弘 編，『元素118の新知識』，講談社（2017）に，
含有鉱物は，桜井 弘，『宮沢賢治の元素図鑑』，化学同人（2018）による．

✓ あなたのレベルをチェック！

　本書では，以下のように，それぞれのレベルの 70％正解で合格判定とします．

　　LEVEL 1：問題数 30 問　→　21 問正解で合格
　　LEVEL 2：問題数 30 問　→　21 問正解で合格
　　LEVEL 3：問題数 30 問　→　21 問正解で合格
　　LEVEL 4：問題数 30 問　→　21 問正解で合格
　　LEVEL 5：問題数 30 問　→　21 問正解で合格

　次のページからはじまるチェック欄に記入していってみましょう．
　なお，チェック欄は 3 回分用意しています．

　いかがでしたか？

　それぞれの元素の「元素データボックス」を確認したり，姉妹本『元素検定』や巻末で紹介している参考文献を読んだりして，再度チャレンジしてみてください．

238 ●元素検定

LEVEL 1

問題番号	1	2	3	4	5	6	7	8	9	10
正　解	④	③	③	①	②	①	④	③	③	③
CHECK 欄 1										
CHECK 欄 2										
CHECK 欄 3										

問題番号	11	12	13	14	15	16	17	18	19	20
正　解	②	③	③	①	④	③	②	④	②	③
CHECK 欄 1										
CHECK 欄 2										
CHECK 欄 3										

問題番号	21	22	23	24	25	26	27	28	29	30	合計
正　解	④	④	①	③	①	②	③	③	④	②	
CHECK 欄 1											
CHECK 欄 2											
CHECK 欄 3											

あなたのレベルをチェック● 239

LEVEL 2

問題番号	1	2	3	4	5	6	7	8	9	10
正　解	②	③	②	①	③	③	①	②	②	③
CHECK欄 1										
CHECK欄 2										
CHECK欄 3										

問題番号	11	12	13	14	15	16	17	18	19	20
正　解	③	③	③	②	④	②	②	①	④	③
CHECK欄 1										
CHECK欄 2										
CHECK欄 3										

問題番号	21	22	23	24	25	26	27	28	29	30	合計
正　解	④	②	①	①	①	④	③	②	④	②	
CHECK欄 1											
CHECK欄 2											
CHECK欄 3											

240 ●元素検定

LEVEL 3

問題番号	1	2	3	4	5	6	7	8	9	10
正　　解	②	①	①	②	③	④	③	③	②	③
CHECK 欄 1										
CHECK 欄 2										
CHECK 欄 3										

問題番号	11	12	13	14	15	16	17	18	19	20
正　　解	③	③	③	③	②	④	①	③	③	②
CHECK 欄 1										
CHECK 欄 2										
CHECK 欄 3										

問題番号	21	22	23	24	25	26	27	28	29	30	合計
正　　解	④	①	②	②	①	③	④	③	②	④	
CHECK 欄 1											
CHECK 欄 2											
CHECK 欄 3											

あなたのレベルをチェック● 241

LEVEL 4

問題番号	1	2	3	4	5	6	7	8	9	10
正　　解	④	④	③	④	②	③	③	②	④	①
CHECK 欄 1										
CHECK 欄 2										
CHECK 欄 3										

問題番号	11	12	13	14	15	16	17	18	19	20
正　　解	③	③	③	③	④	④	④	④	③	②
CHECK 欄 1										
CHECK 欄 2										
CHECK 欄 3										

問題番号	21	22	23	24	25	26	27	28	29	30	合計
正　　解	②	②	②	④	③	①	④	①	④	④	
CHECK 欄 1											
CHECK 欄 2											
CHECK 欄 3											

242 ●元素検定

LEVEL 5

問題番号	1	2	3	4	5	6	7	8	9	10
正　解	③	①	①	①	④	④	④	④	③	④
CHECK 欄 1										
CHECK 欄 2										
CHECK 欄 3										

問題番号	11	12	13	14	15	16	17	18	19	20
正　解	①	②	③	①	④	①	③	②	①	③
CHECK 欄 1										
CHECK 欄 2										
CHECK 欄 3										

問題番号	21	22	23	24	25	26	27	28	29	30	合計
正　解	①	③	②	③	③	①	②	③	③	③	
CHECK 欄 1											
CHECK 欄 2											
CHECK 欄 3											

■ 参 考 文 献

- M. E. ウィークス, H. M. レスター, 『元素発見の歴史 1, 2, 3』, 大沼正則 監訳, 朝倉書店 (1988).
- J. エムズリー, 『元素の百科事典』, 山崎 昶 訳, 丸善出版 (2003).
- 山口潤一郎, 『よくわかる最新元素の基本と仕組み』, 秀和システム (2007).
- 細谷治夫 監修, 山崎 昶, 日本化学会 編集, 『元素の事典』, みみずく舎 (2009).
- 羽場宏光 監修, 『イラスト図解 元素』, 日東書院 (2010).
- 桜井 弘 編著, 『元素検定』, 化学同人 (2011).
- 馬淵久夫 編, 『元素の事典』, 朝倉書店 (2011).
- 寄藤文平, 『元素生活 完全版』, 化学同人 (2017).
- 桜井 弘 編著, 『元素 118 の新知識 第 2 版』, ブルーバックス, 講談社 (2023).
- 『ニュートン別冊 周期表 完全図解 118 元素事典』, ニュートンプレス (2022).
- 『ニュートン別冊 学びなおし中学・高校の化学 改訂第 3 版』, ニュートンプレス (2022).
- 桜井 弘, 『宮沢賢治の元素図鑑』, 化学同人 (2018).
- オリヴァー・サックス, 『タングステンおじさん―化学と過ごした私の少年時代』, 斎藤隆央 訳, 早川書房 (2003).
- ビル・ブライソン, 『人類が知っていることすべての短い歴史』, 楡井浩一 訳, 日本放送出版協会 (2009).
- サム・キーン, 『スプーンと元素周期表』, 松井信彦 訳, 早川書房 (2011).
- ベンジャミン・マクファーランド, 『星屑から生まれた世界―進化と元素をめぐる生命 38 億年史』, 渡辺 正 訳, 化学同人 (2017).
- D. F. シュライバー, P. W. アトキンス, 『シュライバー無機化学 (上) 第 3 版』, 玉虫伶太, 佐藤 弦, 垣花 真人 訳, 東京化学同人 (2001).
- 井口洋夫, 井口 真, 『新・元素と周期表』, 裳華房 (2013).
- 結城千代子, 田中 幸 著, 西岡千晶 絵, 『粒でできた世界』, 太郎次郎エディタス (2014).
- R. R. クライトン, 『生物無機化学』, 塩谷光彦 監訳, 東京化学同人 (2016).
- D. レーダー, 『生物無機化学』, 塩谷光彦 訳, 東京化学同人 (2017).
- 佐川眞人 編, 『永久磁石―材料科学と応用』, アグネ技術センター (2007).
- 足立吟也 監修・編集代表, 『レアメタル便覧』, 丸善出版 (2011).
- 山内 脩, 鈴木晋一郎, 櫻井 武, 『朝倉化学体系 12 生物無機化学』, 朝倉書店 (2012).
- 日本放射化学会編集, 『放射化学の事典』, 朝倉書店 (2015).
- 大木道則 他 編, 『化学辞典』, 東京化学同人 (1994).
- 久保亮五 他 編, 『理化学辞典 第 5 版』, 岩波書店 (1998).
- 日本化学会 編, 『化学便覧 基礎編 (改訂 4 版)』, 丸善出版 (2002).
- 国立天文台 編, 『理科年表 第 85 冊 (平成 24 年)』, 丸善出版 (2012).
- 松村吉信, 化学と教育, **53** (5), 288 (2005).

244 ●元素検定

- 羽場宏光,『新元素ニホニウムはいかに創られたか』, 東京化学同人（2021）.
- 桜井 弘 監修,『元素大図鑑』, ニュートンプレス（2021）.
- D. C. Hoffman, A. Ghiorso, G. T. Seaborg, "The Transuranium people, The inside story," Imperial College Press（2000）.
- Eric Scerri, "A Tale of 7 Elements," Oxford University Press（2013）.
- "CRC Handbook of Chemistry and Pysics 95th Edition 2014-2015," ed. by W. M. Haynes, CRC Press（2014）.
- J. Magill, R. Dreher, Zs. Soti, *Karlsruher Nuklidkarte*, 10 Auflage 2018, Nucleonica GmbH（2018）.
- 『オンライン百科事典 ウィキペディア』http://en.wikipedia.org/wiki/

■ クレジット
p.36/ ルビー：©NickKnight/Shutterstock, サファイア：©NickKnight/Shutterstock, エメラルド：©Byjeng/Shutterstock, コランダム：©Sementer/Shutterstock, トルコ石：©Asya Babushkina/Shutterstock, ヘマタイト：©Albert Russ/Shutterstock
p.38/ コロナ：©Hayk_Shalunts/Shutterstock
p.42/ 孔雀石：©Madlen/Shutterstock
p.72/MRI：©Andrey Rudin/Shutterstock
p.78/ 輝安鉱：©Albert Russ/Shutterstock
p.101/ 油田掘削プラットフォーム：©Kit8.net/Shutterstock

おわりに

　みなさん，『元素検定 2』への旅は，いかがでしたでしょうか？

　新鮮な旅でしたでしょうか？　あるいは驚きの旅でしたでしょうか？　『元素検定 2』では，元素の発見にたずさわった人びとの記述をできるかぎり加え，血の通った温かさを感じていただける元素の本になるよう心がけたつもりでしたが，いかがでしたでしょうか？

　ロシアの化学者ドミトリ・メンデレーエフが，当時知られていた 63 種類の元素を用いて，はじめて「元素周期表」を提案してから，2019 年で 150 年を迎えます．この 150 年のあいだ，多くの試練と支援を受けて，2016 年 11 月には，118 種類の元素が並んだ整然とした大周期表ができました．たったひとりの天才に導かれて，無数の人びとの努力を得て，"人類の宝・元素周期表" が，私たちの前に姿をあらわしたのです．

　118 種類の元素のボックスを引きだしますと，それぞれに多くの人びとによる元素発見の物語，元素を用いる化合物合成の物語，産業応用への物語，健康への応用の物語などが無数に詰まっていることを改めて認識されたのではと思います．しかし，本書では，それらのごく一部をご紹介したにすぎません．これからは，読者の皆さま自らが旅をしていただければと思います．

　元素への向き合いかたは，毎日の生活にちょっとした観察の目をもつかどうかにかかっているかもしれません．

　『元素検定』と『元素検定 2』をヒントに，読者のみなさんが元素への新たな旅を探し，日々をお楽しみくださるよう，著者一同楽しみにしています．

　　　　　　　　　　　　　　　　　　　　　　　　　　　桜井　弘

キーワード索引

英数字

DNA	189
DVD	71
ITO	209
KS鋼	163
LPガス	29
MK鋼	163
PZT	141
RI内用療法	137
YAG	31, 110, 139, 205, 215, 217
4f軌道	107, 175, 216, 218
5d軌道	181
5f軌道	138, 216
5p軌道	213
6s軌道	213

あ

アインシュタイン	100, 230
アインスタイニウム	100, 104, 168, 230
亜鉛	4, 20, 23, 34, 57, 62, 77, 98, 132, 147, 200
青色発光ダイオード	139
『蒼ざめた馬』	222
赤さび	28
悪臭成分	89
アクチニウム	137, 138, 226
——系列	169, 226
アクチノイド	33, 132, 133, 138, 168, 230, 232
悪魔の銅	56
アージロード鉱	60
アスタチン	67, 99, 104, 132, 224
アストン	148
アズライト	46
アセチレン	53
アゾ化合物	189
アッシャー	90
圧電効果	141
圧電素子	141
亜ヒ酸	202
アベルソン	228
アボガドロ	2
——定数	1
アマルガム	87, 195, 213, 226
——電極	98
アミノ酸	30, 189
アメリシウム	70, 104, 132, 228
アモルファス	71
アルカリ金属	102, 195, 225
アルカリ土類	195
アルゴン	38, 121, 135, 164, 194
アルファ壊変	4, 34, 36, 137, 170, 172, 223, 226, 227, 233, 235
アルファ線	8, 122, 168, 224, 225
アルファ粒子	65, 69, 99, 137, 167, 170, 184, 224, 226, 228, 229, 230
アルフェドソン	183, 187
アルミナ	187, 192
アルミニウム	1, 23, 40, 43, 71, 72, 109, 112, 123, 126, 163, 192
アレニウス	22
アンチモン	71, 82, 147, 165, 210
安定同位体	177, 215, 223
安定の島	173

アンペール	190
アンモニア合成	92
飯盛里安	136
イェルム	206
硫黄	41, 57, 59, 62, 89, 106,
	155, 158, 165, 193
イオン交換法	217
イタイイタイ病	209
一次電池	77
一酸化窒素	158
イッテルビウム	24, 218
イッテルビー村	24, 205, 217, 218, 219
イットリア	216
イットリウム	24, 130, 205
遺伝子	189
イリジウム	103, 162, 220
インジウム	139, 150, 209
ウィルキンソン	207
ウィンクラー	201
ヴェーラー	47, 130
ウェルスバッハ	214, 215
ウォーカー	94
ウォークマン	39
ウォラストン	207, 208
ウッド	221
ウラン 5, 47, 90, 108, 143, 145, 168, 169, 227
──系列	169, 184, 224
──鉱石	196, 225, 226
永久磁石	39, 163
エカアルミニウム	201
エカケイ素	60, 201
エカテルル	80, 224
エカホウ素	196
エカマンガン	206
エカヨウ素	224
エキサイタ	140

液晶ディスプレイ	209
液体空気	203, 212
エーケベリ	219
エチル基	97
エプソム塩	191
エマナチオン	225
エメラルド	47, 187
エルー	123
エルビウム	24, 110, 217
塩化ナトリウム	32
塩化ラジウム	226
炎色反応	188, 213
塩素	32, 57, 67, 95, 194
鉛丹	223
鉛筆	188
王水	142, 160, 220
黄銅	200
黄リン	37, 193
オーエンズ	225
オガネシアン 67, 70, 132, 133, 134, 235, 236
オガネソン	104, 132, 133, 135, 236
小川正孝	220
オークリッジ国立研究所	236
オサン	207
オスミウム	162, 220
オゾン	20, 114
オゾンホール	114
親核種	74
温室効果ガス	29

か

ガイガー	8
灰重石	219
ガイスラー	7
壊変系列	169
『化学の原理』	19

核医学	55
核磁気共鳴（NMR）	76
核図表	65
核燃料	227
核分裂	227, 228, 229
——反応	215
——連鎖反応	227, 230
核融合	4, 229
化合物	20
火山	193
カシン・ベック病	202
火星探査機	167
加速器	65, 206
——質量分析法	88
カッシャローロ	213
価電子	61
カドミウム	23, 98, 209
ガドリニウム	24, 76, 107, 216
ガドリン	24
——石	146, 196, 205, 216, 217
カーボンニュートラル	125
ガラス	63
カリウム	44, 57, 79, 92, 102,
	108, 121, 183, 195
ガリウム	101, 201
——-ヒ素	201, 202
カリホルニウム	68, 132, 133, 176, 229
カール	26
カルコゲン	59
カルシウム	44, 57, 67, 70, 73, 79, 133,
	134, 170, 182, 195
カルビン	26
カロテン色素	156
ガーン	198, 202
環境ホルモン	54
カーン石	188

がん治療	226, 229
ガンマ線	8, 99, 122, 206, 222
輝安鉱	82, 210
ギオルソ	68, 230, 231, 232, 233
貴ガス	38, 67, 102, 133, 159, 164, 235, 236
——内包フラーレン	164
輝水鉛鉱	146, 206
キセノン	38, 75, 91, 135, 164, 172, 212
——ランプ	75
輝蒼鉛鉱	223
気体充填型反跳核分離装置	171
希土類元素	149, 205
木村健二郎	228
キャベンディッシュ	6, 186, 194
キュリー（単位）	229
キュリー，ピエール	3, 45, 224, 226
キュリー，マリー	3, 45, 80, 145, 224, 226
キュリウム	132, 167, 171, 229
キュリー温度	39
キュリー夫妻	224, 225, 226
凝固点降下	87
強磁性体	199
強誘電体	178
——メモリ	178
キルヒホフ	150, 204, 212
記録密度	174, 207
金	5, 23, 35, 109, 221
銀	23, 35, 78, 109, 142, 208
金紅石	196
金属イオン	23
金属結合エネルギー	181
金属元素	42
空気	25, 189
孔雀石	46, 200
クラウス	207
クラップロート	47, 112, 116, 183,

	187, 211, 214, 227
グラファイト	20, 26, 37, 79
クランストン	227
グリニャール	97
——反応剤	97, 166
クリプトン	38, 91, 164, 203
グルタチオンペルオキシターゼ	202
クルックス	3, 150, 186, 222
クールトア	211
グレイ	45, 225
クレオパトラ	210
グレガー	112, 196
クレーベ	186, 217, 218
グレンデニン	215
黒さび	28
クロスカップリング反応	127, 128
クロトー	26
クロム	40, 43, 47, 72, 126, 144, 161, 163, 197
——-バナジウム鋼	72
クロリン	156
クロール	196
クロロフィル	156
クローンステット	56, 199
クーロン力	173
蛍光 X 線	167
ケイ素	5, 40, 43, 63, 93, 178, 192
ゲイ＝リュサック	188, 211
ケシャン病（克山病）	202
結合解離エネルギー	93
ケルビン卿	90
ゲルマニウム	60, 66, 71, 101, 201
ゲルマン鉱	201
原子	3
原子核	9, 27, 34, 58, 65, 173, 223, 227, 229
原子爆弾	64, 227, 230, 231
原子半径	159

原子量	19
原子力電池	228
原子力発電	143, 227, 228
原子炉	65, 206, 209, 215, 228, 230
元素記号	81, 135
研磨剤	214
紅鉛鉱	197
高温熱電対（W-Re）	220
光学材料	222
抗がん剤	207
抗菌作用	23
光合成	156
高抗張力鋼	72
甲状腺腫	211
酵素	182
高張力	111
光電池	222
紅砒ニッケル鉱	199
呼吸	125
黒鉛	188
国際キログラム原器	103
国際純正・応用化学連合（IUPAC）	34, 36, 42, 70, 133, 232, 233, 234, 235, 236
国際単位系（SI）	103
国際度量衡局	103
黒リン	37, 193
コスター	116, 146, 219
国家備蓄	199
ゴッホ	98
コバルト	56, 163, 199
コペルニクス	36, 234
コペルニシウム	36, 234
コライエル	215
コランダム	40, 126
コールソン	224
コルンブ石	111, 146, 205

250 ●キーワード索引

コロンビウム	205
コンデンサ	113

さ

最外殻電子	61, 179
サイクロトロン	68, 99, 132, 134, 206, 224, 229, 230, 231, 232, 236
佐川眞人	31
酢酸鉛	124
鎖状化合物	188
殺菌作用	208
サックス	41
さび	28
サファイア	40
サマリウム	107, 215
——コバルト磁石	39
——磁石	215
サマルスキー石	215
サルバルサン	48, 202
酸化インジウムスズ（ITO）	209
酸化クロム	197
酸化セリウム	214
酸化鉄	61
酸化バリウム	213
酸化ベリリウム	187
三酸化ヒ素	48
酸性雨	158
酸素	20, 22, 25, 28, 30, 38, 40, 43, 57, 59, 61, 62, 63, 81, 93, 95, 157, 180, 189
ジェフロア	147, 223
シェーレ	6, 95, 189, 193, 194, 198, 206, 213, 219
四塩化チタン	196
シェーンバイン	114
磁気共鳴画像（法/装置）（MRI）	31, 42, 76, 111, 216

磁気記録	174
磁気モーメント	76, 131
四酸化オスミウム	162, 220
ジジミウム	175, 214, 215, 216
磁石	131
ジスプロシウム	24, 107, 217
磁性	107, 131, 174
——体	140, 198
自然蒼鉛	223
質量数	27, 58, 169
磁鉄鉱	198
自動車用触媒	208
シーボーギウム	133, 171, 232
シーボーグ	133, 228, 229, 231, 232
ジャンサン	186
シュヴァイガー	194
重イオン線形加速器	171, 232, 233, 234
臭化カリウム	203
臭化銀	57, 208
重希土類	217
周期表	19, 80, 101, 145, 148, 159, 201, 204, 206, 213, 226, 227, 235, 236
重晶石（硫酸バリウム）	105, 213
重水素	230
臭素	57, 67, 135, 203
重曹	21
自由電子	109, 181
重陽子	228
シュトロマイヤー	209
ジュラルミン	192
シュレーディンガー	10
硝酸	158
触媒	207, 220, 221
白川英樹	53
シリカ	187, 192
シリコーン	192

ジルコニア	205
ジルコニウム	47, 116, 161, 180, 205
ジルコン石	205
シルバ	183
磁歪効果	140, 216
新 KS 鋼	163
人工関節	112
人工元素	104, 134, 206, 229
人工合成	224
人工骨	112
人工放射性元素	68, 231
辰砂	155, 222
水銀	23, 73, 87, 98, 155, 181, 222
水酸化カリウム	195
水素	5, 22, 29, 30, 43, 57, 62, 81, 102, 132, 157, 179, 180, 186, 195
水素化触媒	199
水素吸蔵合金	106
水素爆発	180
水爆実験	100, 104, 168, 230
スカンジウム	24, 101, 196
スズ	23, 54, 115, 147, 210
鈴木 章	128
ステンレス鋼	43, 56, 198, 199
ストロンチアン村	204
ストロンチウム	74, 82, 90, 204
スピーカー	140
スピン磁気モーメント	131
スモーリー	26
青銅	54, 200, 210
赤色蛍光体	216
赤鉄鉱	40, 198
赤リン	37, 193
セグレ	206, 224
セシウム	102, 129, 150, 179, 212
——原子時計	129

石灰	187, 191
石膏	195
絶対零度	129
セフストレーム	197
セラミックス	180
セリア	213
セリウム	31, 47, 107, 139, 214
セレン	25, 41, 59, 202
閃亜鉛鉱	200, 201, 209
閃ウラン鉱	186
センサ	140
戦略資源	199
蒼鉛	147, 223
双極子モーメント	113
走査型トンネル顕微鏡	141
曹長石	146
相変化記憶材料	211
ソーダ	191
——石灰ガラス	63
ソディー	45, 136, 227

た

第一イオン化エネルギー	179
体温計	222
ダイヤモンド	20, 26, 37, 79, 126, 161, 188
太陽	186, 204, 212
タッケ	146, 220
ダナー	204
ダニエル電池	77
ダームスタチウム	36, 66, 233
タリウム	3, 87, 169, 172, 222
炭化四ホウ素	161
タングステン	72, 135, 157, 163, 171, 181, 219
炭酸カリウム	191
炭酸水素ナトリウム	21

252 ●キーワード索引

炭酸ナトリウム	191
炭素	5, 20, 26, 30, 43, 54, 57, 62, 64, 72, 79, 88, 128, 161, 163, 188
炭素繊維	188
単体	20
タンタル	111, 113, 219
タンパク質	30, 57, 189
蓄光性物質	217
チーグラー・ナッタ触媒	196
チタン	40, 47, 72, 110, 112, 126, 134, 161, 163, 196
窒化ガリウム	201
窒素	25, 30, 55, 57, 62, 92, 158, 165, 180, 189
チャドウィック	9
中性子	9, 27, 55, 58, 65, 80, 100, 131, 132, 136, 172, 173, 176, 184, 227〜229
——捕獲	230, 236
——ガンマ線分析	176
超ウラン元素	223
超重元素	229
超磁歪素子	140
超伝導磁石	42
超電導体	205
冷たい核融合反応	133, 223
ツリウム	24, 218
デ・ウロア	221
テクネチウム	99, 104, 122, 132, 137, 206
デスコティル	197
鉄	1, 28, 31, 40, 43, 44, 57, 61, 90, 105, 106, 109, 112, 126, 147, 163, 181, 198
テナール	188
テナント	220
テネシン	67, 132, 134, 236
デービー	22, 79, 95, 121, 183, 188, 191, 192, 194, 195, 204, 211, 213
テフロン ™	64

デーベライナー	204
デモクリトス	6
テルビウム	24, 140, 216
デル・リオ	197
テルル	41, 59, 71, 80, 211
展延性	208
電界効果トランジスター	178
点火プラグ	220
電気陰性度	102, 190
電気接点	220
電気伝導性	53, 208
電気伝導度	220
電気分解	190, 191, 195, 207, 213
電極	221
電子	8, 27, 179
——雲	58
電磁波	129
電子配置	33
電子捕獲	108
——壊変	233
天然存在量	88
ドイツ重イオン科学研究所	232, 233, 234
銅	20, 23, 35, 46, 56, 59, 77, 109, 163, 200
同位体	55, 65, 136, 148, 167, 177, 206, 225, 226, 227, 229, 231, 232, 233, 234, 235, 236
導線	200
同素体	20, 26, 37, 188, 193, 202
ドゥブナ合同原子核研究所	232〜236
毒性	222
特性 X 線	148
毒性元素	223
土星型原子モデル	8, 96
トタン	200
ドビエルヌ	225, 226
ドービル	111
ドブニウム	66, 134, 232

ドマルセ	216
トムソン，J・J・	7, 96
トムソン，ウィリアム	8
トラバース	91, 190, 203, 212
トリウム	138, 143, 227
──－ウラン系列	143
──系列	169
──原子炉	143
トルクセンサー	216
トール石	143, 227
ドルトン	7, 81
ドルン	45, 225
ドロマイト	191
トンプソン	229

な

長岡半太郎	8, 69, 96
ナトリウム 32, 44, 57, 79, 102, 123, 183, 191	
鉛 23, 90, 97, 112, 124, 169, 172, 223	
難燃剤	165
軟マンガン鉱	194
ニオブ	111, 205
ニクロム線	197
二酸化硫黄	22, 158
二酸化ケイ素	192
二酸化炭素 21, 22, 29, 79, 125, 158, 189	
二酸化チタン	196
二酸化マンガン	198
二次電池	77
仁科芳雄	228
二重結合	156
二重魔法数	173
ニッケル 23, 56, 140, 142, 163, 199	
──-カドミウム電池	98, 209
ニッポニウム	220
ニトロゲナーゼ	206

ニホニウム	4, 34, 132, 133, 234
ニュートロン	9
尿素	130
ニルソン	196
ネオジム	31, 106, 107, 175, 215
──磁石	39, 215
ネオン	38, 91, 159, 164, 190
根岸英一	128
熱中性子	176, 205, 227, 228
熱電素子	211
熱電対	207
熱伝導率	43
熱ルミネッセンス線量計	218
ネプツニウム	33, 104, 169, 228
──系列	169
燃焼実験	189
年代測定	74
燃料電池	196, 221
燃料棒	180
年齢測定	227
ノダック	146, 220
ノーベリウム	138, 231

は

配位子	149
灰色スズ	115
灰色セレン	202
排気ガス浄化用触媒	221
ハイゼンベルク	9, 144
π電子	156
パウエル	10
鋼	198
白色スズ	115
白銅	199, 200
バークリウム	67, 132, 134, 229
白リン	37

ハチェット	111, 205		ピッチブレンド	80, 226
白金	23, 103, 162, 221		比誘電率	113
——族	142, 208		ビュシー	47, 130, 191
発光	38, 149		標準器	103
——ダイオード (LED)	48, 139		ヒルデブランド	186
ハッシウム	66, 99, 173, 233		ファラデー	194
バナジウム	72, 111, 112, 197		ファンデルワールス引力	159
ハーバー	92		フィラメント	157, 220
ハフニウム	116, 146, 160, 219		フェルミ	230
パラジウム	23, 128, 162, 208		フェルミウム	100, 104, 168, 230
——触媒	208		不活性気体元素	225
バラール	203		不活性元素	190, 203, 212
バリウム	105, 112, 123, 213		フクス	183
ハロゲン	57, 67, 73, 165, 203, 224, 236		ふくらし粉	21
ハーン	145, 227, 232		不斉合成触媒	207
半減期	169, 172		フッ素	57, 64, 67, 91, 93, 121, 137, 190

ブドウパン (プラム・プディング) モデル 8, 96

反射率	109			
ハンター	112		ブラウン	188
はんだ	87, 210		フラウンホーファー	204
半導体	37, 48, 60, 178, 184, 201, 202, 210		ブラス	200
——素子	201		プラセオジム	106, 175, 214, 215
——メモリ	178		フラーレン	26, 164
バンドギャップ	139		フランク	160
ハンプソン	190, 203		プランク	9, 144
燧石	192		フランクランド	166
ピエゾ効果	141		フランシウム	102, 116, 137, 225
ヒーガー	53		ブラント, ヘニッヒ	6, 193
ヒ化ガリウム系半導体	48		ブリキ	54, 200, 210
光ファイバー	217, 218		プリーストリー	6, 189
非結晶	71		プリズム分光器	150
ヒージンガー	214		フリョロフ	231, 232
ビスマス	4, 34, 71, 80, 127, 137, 144,		プルトニウム	33, 104, 132, 133, 138, 228
	145, 147, 172, 177, 184, 223		フレロビウム	132, 173, 235
ヒ素	48, 202		プロトアクチニウム	145, 227
ビタミン B_{12}	199		プロトン	9
必須元素	41, 62			

プロメチウム	99, 104, 215	放射性	74, 108, 225, 227
ブンゼン	3, 150, 166, 204, 212	——医薬品	170
分別結晶法	214	——壊変	223, 227
閉殻電子構造	235, 236	——核種	169
ヘキサカルボニル錯体	171	——希土類元素	215
ヘキサフルオロ白金酸キセノン	164, 212	——元素	8, 80, 108, 122, 143,
ベーキングパウダー	21, 32		224, 225, 227, 231
ベクレル	7, 229	——同位元素	136
ベータ壊変	80, 137, 226	——同位体	65, 177, 224
ベータ線	8, 65, 88, 99, 122, 172, 224, 225	——物質	69, 136, 231
ベータマイナス壊変	74, 108, 134, 228, 230	——ラジウム	69
ペタル石	183, 187	放射線	3, 88, 90
ヘック	128	放射能	224, 226, 229
ベートーベン	124	宝石	40, 46, 126, 187, 205
ペプチド結合	30	ホウ素	31, 68, 161, 188
ヘベシー	146, 160, 219	ボーキサイト	192
ヘム鉄タンパク質	44	ボークラン	47, 187, 197
ヘモグロビン	44, 198	ポジトロン放出断層法	55
ベモン	226	蛍石	190
ペラン	8	ボッシュ	92
ヘリウム	5, 38, 42, 132, 164, 166, 171, 186	ポット	147
ペリエ	206	ホープ	204
ベリマン	199	ホフマン	35, 36, 233, 234
ベリリウム	47, 130, 187	ポリアセチレン	53
ベルイマン	147	ボーリウム	133, 134, 144, 232
ベルク	146, 220	ポリテトラフルオロエチレン (PTFE)	64
ベルセーリウス	7, 81, 183, 187, 192, 195,	ポーリング	164
	202, 205, 214, 227	ホール	123
ペルチェ素子	211	ボルタ	77
ヘルムホルツ	212	ポルフィリン	156
ペレー	225	ホルミウム	24, 217
ベンゼン	26, 128	ホルミシス効果	45
ボーア	9, 116, 144, 160, 219, 232	ポロニウム	3, 7, 45, 59, 80, 184, 224
ボアボードラン	215, 216, 217	ボローニャ石	213
ボイル	221	本多光太郎	163
ホウケイ酸ガラス	63, 161	ボンタン	195

● キーワード索引

ま

マイトナー	145, 227, 233
マイトネリウム	70, 145, 233
マクダイアミッド	53
マグヌス	48, 202
マグネシウム	40, 44, 57, 79, 97, 182, 191
マクミラン	228
マースデン	8
マーズ・パスファインダー	167
マッケンジー	224
マッチ	94
魔法数	172, 173
マラカイト	46
マリニャック	216, 218
マリンスキー	215
マルクグラフ	200
マンガン	95, 198
——電池	200
マンハッタン計画	64, 231
三島徳七	163
水	22, 147
三つ組元素	204
ミッシュメタル	106
ミュー粒子	131
ミュンツェンベルク	232, 233
ミョウバン	21, 187
無機難燃剤	165
無機物	130
娘核種	74
紫リン	37, 193
メタルハライドランプ	73
メタン	29
めっき	54, 142, 207, 209, 210
メンデレーエフ	7, 19, 24, 60, 80, 101, 121,
	148, 150, 187, 194, 196, 201, 206, 213,
	214, 224
メンデレビウム	19, 70, 101, 121, 230
モアッサン	121, 190
モサンダー	205, 213, 214, 216, 217, 218
モース硬度	161
モスコビウム	70, 132, 235
モーズリー	148
モナズ石	143
森田浩介	34, 234
モリブデン	70, 72, 122, 171, 206
モル	1, 2

や

屋井先蔵	77
有機亜鉛化合物	166
有機化合物	193, 198
有機キセノン化合物	164
有機金属錯体	171
有機クリプトン化合物	164
有機スズ	54
有機ビスマス化合物	127
有機ヒ素化合物	202
有機物	130
ユウロピウム	149, 216
ユルバン	218
陽イオン交換クロマトグラフィー法	215
陽イオン交換クロマトグラフ分離	230
陽子	9, 27, 55, 58, 65, 131, 132, 136, 172, 173
溶接	38
ヨウ素	53, 57, 67, 137, 211

ら

ライター	106
ライヒ	150, 209
ライヒェンシュタイン	211
ラウエ	160

キーワード索引 ● 257

ラザフォード，アーネスト	58, 69, 96, 144, 225, 231
ラザフォード，ダニエル	7, 25, 189
ラザホージウム	69, 231
ラザレフ	233
ラジウム	3, 5, 7, 45, 170, 226
ラジオアイソトープ	65
ラドン	45, 164, 170, 225
ラボアジェ	7, 22, 25, 81, 186, 189, 193
ラミー	150, 222
ラムゼー	45, 91, 121, 190, 194, 203, 212
ランタノイド	31, 33, 76, 107, 140, 175, 213, 216, 217, 218
ランタン	31, 76, 106, 107, 213
理化学研究所	228, 234
リチア雲母	204
リチア輝石	183, 187
リチウム	102, 179, 183, 187
――イオン電池	199
リバモア	235
リバモリウム	132, 235
リビー	88
リヒター	150, 209
リービッヒ	22, 121
硫化物	202
硫酸	158
硫酸タリウム	222
硫酸バリウム	213
菱亜鉛鉱	209
量子力学	144
緑柱石	47, 187
リン	6, 37, 57, 62, 94, 165, 182, 193

リン灰石	193
りん光	190, 193
リンデ	190, 203
ルチル	112, 196
ルテチウム	24, 31, 76, 107, 218
ルテニウム	135, 162, 174, 207
ルビー	40, 126
ルビジウム	90, 102, 135, 147, 150, 204
――-ストロンチウム法	74
レアアース	149
レイリー卿	194
レオキッポス	6
レーザー	71, 110, 126
レニウム	66, 146, 220
レニエル鉱	201
レービヒ	203
錬金術	193, 204, 221
レントゲニウム	35, 135, 234
レントゲン	7, 35
緑青	200
ロジウム	142, 162, 207
ローゼ	205
ロッキャー	42, 186
ローマン	212
ローレンシウム	33, 68, 138, 231
ローレンス	68, 231
ローレンス・バークレー放射線研究所	233
ローレンス・リバモア国立研究所	235, 236

わ

ワトソン	221

■ 著者紹介（50音順）

桜井　弘（さくらい ひろむ）
京都薬科大学名誉教授　薬学博士
1942年　京都府生まれ
1971年　京都大学大学院薬学研究科博士課程修了
専　門　生命錯体化学，生命元素学，薬物代謝学，インビボ生体計測学

笹森 貴裕（ささもり たかひろ）
筑波大学数理物質系化学域 教授　博士（理学）
1975年　東京都生まれ
2002年　九州大学大学院理学研究科博士後期課程修了
専　門　有機化学，有機元素化学，有機金属化学

寺嶋 孝仁（てらしま たかひと）
京都大学大学院理学研究科 教授　理学博士
1959年　愛知県生まれ
1986年　京都大学大学院理学研究科博士課程修了
専　門　無機固体化学，薄膜成長

羽場 宏光（はば ひろみつ）
理化学研究所 仁科加速器科学研究センター RI 応用研究開発室 室長　博士（理学）
1971年　石川県生まれ
1999年　金沢大学大学院自然科学研究科修了
専　門　核化学，放射化学

根矢 三郎（ねや さぶろう）
千葉大学名誉教授　工学博士
1953年　奈良県生まれ
1982年　京都大学大学院工学研究科博士課程修了
専　門　薬品物理化学，生物無機化学

元素検定 2

2018年8月20日　第1版　第1刷　発行	編著者　桜井　　弘
2023年7月30日　　　　　　第2刷　発行	発行者　曽根　良介
	発行所　（株）化学同人

〒600-8074 京都市下京区仏光寺通柳馬場西入ル
編集部　TEL 075-352-3711　FAX 075-352-0371
営業部　TEL 075-352-3373　FAX 075-351-8301
振　替　01010-7-5702
e-mail　webmaster@kagakudojin.co.jp
URL　https://www.kagakudojin.co.jp

印刷・製本　シナノパブリッシングプレス

〈出版者著作権管理機構委託出版物〉
本書の無断複写は著作権法上での例外を除き禁じられています．複写される場合は，そのつど事前に，出版者著作権管理機構（電話 03-5244-5088, FAX 03-5244-5089, e-mail: info@jcopy.or.jp）の許諾を得てください．

本書のコピー，スキャン，デジタル化などの無断複製は著作権法上での例外を除き禁じられています．本書を代行業者などの第三者に依頼してスキャンやデジタル化することは，たとえ個人や家庭内の利用でも著作権法違反です．

乱丁・落丁本は送料小社負担にてお取りかえします．

Printed in Japan ©Hiromu Sakurai et al. 2018
無断転載・複製を禁ず

ISBN978-4-7598-1968-7